画说三农书系
HUA SHUO SAN NONG SHU XI

U0348252

画说葱姜蒜
高效生产

● 苗锦山 孙 虎 刘冰江 编著
中国农业科学院组织编写

「十三五」国家重点图书出版规划项目

中国农业科学技术出版社

**图书在版编目（CIP）数据**

画说葱姜蒜高效生产 / 苗锦山，孙虎，刘冰江 编著 . —
北京：中国农业科学技术出版社，2020.10
ISBN 978-7-5116-4750-4

Ⅰ.①画… Ⅱ.①苗… ②孙… ③刘… Ⅲ.①葱 – 蔬菜
园艺 – 图解②姜 – 蔬菜园艺 – 图解③大蒜 – 蔬菜园艺 –
图解 Ⅳ. ① S63-64

中国版本图书馆 CIP 数据核字（2020）第 081218 号

责任编辑　张国锋
责任校对　马广洋

出 版 者　中国农业科学技术出版社
　　　　　北京市中关村南大街 12 号　邮编：100081
电　　话　（010）82106636（编辑室）　（010）82109702（发行部）
　　　　　（010）82109709（读者服务部）
传　　真　（010）82106631
网　　址　http://www.castp.cn
经 销 者　各地新华书店
印 刷 者　北京东方宝隆印刷有限公司
开　　本　880mm×1 230mm　1/32
印　　张　6.5
字　　数　190 千字
版　　次　2020 年 10 月第 1 版　2020 年 10 月第 1 次印刷
定　　价　39.80 元

序/言

《画说『三农』书系》

　　农业、农村和农民问题，是关系国计民生的根本性问题。农业强不强、农村美不美、农民富不富，决定着亿万农民的获得感和幸福感，决定着我国全面小康社会的成色和社会主义现代化的质量。必须立足国情、农情，切实增强责任感、使命感和紧迫感，竭尽全力，以更大的决心、更明确的目标、更有力的举措推动农业全面升级、农村全面进步、农民全面发展，谱写乡村振兴的新篇章。

　　中国农业科学院是国家综合性农业科研机构，担负着全国农业重大基础与应用基础研究、应用研究和高新技术研究的任务，致力于解决我国农业及农村经济发展中战略性、全局性、关键性、基础性重大科技问题。根据习总书记"三个面向""两个一流""一个整体跃升"的指示精神，中国农业科学院面向世界农业科技前沿、面向国家重大需求、面向现代农业建设主战场，组织实施"科技创新工程"，加快建设世界一流学科和一流科研院所，勇攀高峰，率先跨越；牵头组建国家农业科技创新联盟，联合各级农业科研院所、高校、企业和农业生产组织，共同推动我国农业科技整体跃升，为乡村振兴提供强大的科技支撑。

组织编写《画说"三农"书系》，是中国农业科学院在新时代加快普及现代农业科技知识，帮助农民职业化发展的重要举措。我们在全国范围内遴选优秀专家，组织编写农民朋友用得上、喜欢看的系列图书，图文并茂展示先进、实用的农业科技知识，希望能为农民朋友提升技能、发展产业、振兴乡村做出贡献。

中国农业科学院党组书记 张合成

2018 年 10 月 1 日

前言

　　葱姜蒜属于著名的"四辣蔬菜"之列，在我国大宗蔬菜生产中占据重要位置。中国是世界上葱姜蒜播种面积、产量和出口量最大的国家，其常年播种面积约为160万公顷，其中，葱65万公顷，生姜15万公顷，大蒜80万公顷，占世界葱姜蒜生产面积的60%以上，出口量占全国蔬菜总出口量的30%。葱姜蒜产业作为我国传统优势产业和特色产业，对我国农民增收致富和出口创汇发挥了重要作用。

　　近年来，各地积极发展现代高效农业，有效促进了农民增收致富。但随着生产规模的扩大，部分地区蔬菜生产，包括保护地蔬菜生产均出现了不同程度的阶段性、区域性、结构性产能过剩，葱姜蒜也不例外，由此造成了生产效益不稳定和效益下滑现象。在此背景下，积极调整种植结构和产业发展规划，努力促进蔬菜绿色生产，在生产优质安全产品的同时保障生产环境健康，以更好地满足市场差异化需求就显得尤为重要。为了更好地研究、推广应用葱姜蒜绿色高效生产技术体系，满足广大生产者的需求，潍坊科技学院科研人员深入生产一线，及时总结归纳优势产区农民葱姜蒜种植经验，并结合自身的研究，从高产高效的角度，对葱姜蒜生产的良种选择、茬口优化安排、露地和棚室高效栽培、机械化生产以及病虫害诊断与防治等技术，采用图文并茂的形式进行了详细介绍，以期为我国葱姜蒜产业的绿色、高效、健康发展提供参考。

需要特别说明的是，本书所用药物及其使用剂量仅供读者参考，不可完全照搬。在生产实际中，所用药物学名、通用名和实际商品名称存在差异，药物浓度也有所不同，建议读者在使用每种药物之前，参阅厂家提供的产品说明以确认药物用量、用药方法、用药时间及禁忌等。

　　本书在写作过程中得到了国内相关专家的大力支持和帮助，并参引了许多专家、学者和同行的成果和经验，在此一并谨致谢忱。尤其感谢山东沃华农业科技股份有限公司总裁张笑笑女士在大葱机械化生产研究和推广应用等方面所提供的帮助。由于编者水平有限，书中错误和不当之处，恳请广大读者批评指正。

编著者

2020 年 3 月

# 目　录

## 第二篇　生　姜

# 第三篇 大 蒜

# 第一篇 大 葱

# 第一章 大葱的生物学特性和对环境条件的要求

## 第一节 大葱植物学特性

大葱属于百合科葱属植物，其植株由根、短缩茎、筒状叶和叶鞘等器官组成（图1-1）。

### 1. 根

大葱的根系属浅须根系，其白色弦线状肉质须根着生在短缩茎上，并随茎的伸长陆续发出新根。须根一般粗1~2mm，长度可达50cm。发根数随植株生育进程而增加，生长盛期单株须根可达百条。根群主要分布在表土30cm范围内（图1-2）。大葱根系的再生能力较强，但是分枝性弱，侧根发生较少，根毛稀少，栽培上要求疏松、肥沃的土壤。大葱根系怕涝，若土壤湿度过大，特别在高温高湿或水淹的土壤环境下极易坏死，变褐腐烂，丧失吸收功能，因此栽培忌田间积水。在深培土的情况下，大葱的根系不再向下延伸，而是沿水平方向和向上发展，80%的根系量集中在假茎周围20cm范围内，茎盘部位20cm以下根系分布较少。因此，定植后不需浇水时可结合培土进行追肥。

图1-1 大葱植株

图1-2 大葱的根系

### 2. 茎

大葱营养生长期短缩茎呈圆锥形，先端为生长点，黄白色。随株龄增加短缩茎伸长，长度可达1~2cm（图1-3）。叶片在生长锥的两侧按1/2的叶序顺序发生。花芽分化后逐步抽生花薹。大葱抽薹后或生长点受损，在其内层叶鞘基部可萌生 1~2 个侧芽，并发育成新的植株（分蘖）。大葱茎具有顶端优势，很少产生分蘖，植株完成阶段发育后，感应 0~7℃环境低温约 14 天即可通过春化，生长点转为分化花芽，在长日照条件下可抽薹开花进入生殖生长阶段。

图 1-3　大葱的短缩茎（多年生）

### 3.叶

　　大葱成株叶片数一般在 19~33 片。叶片按 1/2 的叶序着生于茎盘上，包括叶鞘和叶身两部分，叶鞘和叶身连接处为出叶孔，相邻出叶孔间距大小因品种而异。叶身管状中空，尖顶，叶色深绿或黄绿色，表面附有蜡粉层，蜡粉量因品种而异。成龄叶片中空部分是由于海绵组织的薄壁细胞崩溃所致，而幼嫩的葱叶内部充满白色的薄壁细胞。在叶身的成长过程中，内部薄壁细胞组织逐渐消失，成为中空的管状叶身。葱叶的下表皮及其绿色细胞中间充满油脂状黏液，能分泌辛辣的挥发性物质，水分充足时黏液分泌量增多。大葱叶片的光合效率除与品种有关外，还受其叶龄影响，在不同部位的叶片中以成龄叶的光合效率最高，幼龄叶的光合效率低。所以，延长外叶的寿命对提高大葱产量具有重要作用。

　　叶鞘位于叶身下部，呈同心圆状着生在短缩茎上，将茎盘包被在叶鞘的基部。新发幼叶被筒状叶鞘抱合于内共同构成大葱假茎。大葱的假茎由多层叶鞘抱合而成，中间为生长锥。葱叶由生长锥的两侧互生，叶片的分化有一定的顺序性，内叶的分化和生长以外叶为基础，并从相邻外叶的出叶孔穿出叶鞘。外叶分化形成较早，因而叶鞘长度短于幼叶。在生长期间，随着新叶的不断出现，老叶不断干枯，外层叶鞘逐渐干缩成膜状。大葱叶片从抽出叶鞘到叶身自然衰老膜质枯亡需要 40~50 天。假茎俗称"葱白"，是大葱的主要产量器官。其产量构成由单叶鞘质量和宿存叶鞘数决定。叶鞘是大葱主要的营养储藏器官。幼苗期，叶鞘较薄且短，假茎较细；进入葱白形成期后，叶身的养分逐渐向叶鞘转移，并储存于叶鞘中，假茎质量大增。大葱的叶片和假茎见图 1-4。

图 1-4　大葱的叶片和假茎

大葱的产量和品质主要决定于假茎的长度、粗度、紧实度和各种营养成分含量。假茎的生长与发叶速度、叶数、叶面积、光合速率等品种特性相关。一般叶数越多，假茎则长而粗；叶身生长健壮，则叶鞘肥厚，假茎粗大。同时，也受温度、光照、水分、土壤等外界环境因素综合影响。假茎的长度可随培土层加厚而逐渐伸长。因此，通过分期培土，为假茎生长创造黑暗和湿润环境条件，不仅可促进叶鞘伸长，还能软化葱白，提高品质。

### 4. 花

大葱完成阶段发育后，茎盘顶芽分化伸长为花薹，呈圆柱形，基部充实，内部充满髓状组织，中上部中空，其横径和长度因品种特性和营养状况而异。花薹绿色，被有蜡粉层，具有较强的同化功能，是大葱的重要同化器官。花薹顶端着生头状花序，每个花序有小花 400~600 朵不等，外由白色膜质佛焰状总苞所包被，开花时总苞开裂。大葱花为两性花，属虫媒自由授粉作物，采种时要注意不同品种之间的隔离。一般来说，花序顶部的小花先开（图 1-5），依次向下开放，持续 15~20 天。

图 1-5　大葱不同形状的花序

### 5. 果实和种子

大葱的果实为蒴果，每果含种子6枚。蒴果幼嫩时呈绿色，成熟后自然开裂，散出种子。由于同一花序上小花开放时间的不一致，同一种球上下部果实和种子成熟期可相差8~10天。为提高种子质量，可在花序上有1/4种子变黑开裂时采收，并阴干后熟。

大葱种子为黑色、盾形、有棱角、稍扁平、断面呈三角形，种皮表面有不规则的皱纹，脐部凹陷。种子千粒重3g左右，常温下种子寿命1~2年，但高温多湿环境储藏种子活力迅速下降，发芽率大大降低，因此生产上宜用新种子或将种子于低温干燥环境下储藏。大葱种子种皮坚硬，种皮内为膜状外胚乳，胚白色、细长呈弯曲状，发芽吸水能力弱。发芽出土过程比较特殊，储藏养分少。大葱果实与种子见图1-6。

图 1-6　大葱的果实和种子

## 第二节　大葱的生育周期

大葱属于二三年生耐寒性蔬菜，整个生育期可分为营养生长时期和生殖生长时期，历时21~22个月。根据不同时期的生育特点，可划分为以下几个阶段。

### 1. 发芽期

从播种到第一片真叶出现为发芽期。大葱的发芽过程称为"立鼻直钩"（图1-7）。在20℃条件下，一般播后7~10天即可出土。发芽期需要有效积温140℃左右。

### 2. 幼苗期

从第1片真叶出现到定植为幼苗期。幼苗期可划分为幼苗生长前期、休眠期和幼苗生长盛期（图1-8）。

图1-7　立鼻直钩　　　　　　　图1-8　大葱幼苗期

（1）**幼苗生长前期**　从第一片真叶出现到越冬前停止生长为幼苗生长前期，需40~50天。此期气温较低，光照较弱，幼苗生长量较少，在管理上既要适当晚播，防止幼苗营养体过大引发翌年先期抽薹，还要防止幼苗徒长降低越冬能力。

（2）**休眠期**　从越冬到翌年春返青为休眠期。此期处于严寒季节，大葱生长极微，处于冬眠状态。休眠期长短因各地寒冬季节长短和品种特性而异。管理上应注意冬前浇封冻水，铺盖粗肥，设置风障等防寒保墒，助苗越冬。

（3）**幼苗生长盛期**　从返青到定植为幼苗生长盛期，长达80~100天，是培育壮苗的关键时期。管理上返青后要浇返青水，追"提苗"肥，及时间苗和除草，防止幼苗徒长，培育壮苗。

### 3. 葱白形成期

大葱从定植到收获称为葱白形成期，需120~150天，又可分为缓苗越夏期、发叶盛期、葱白形成盛期和葱白充实期。初期生长比较缓慢，秋凉以后进入旺盛生长期。

（1）**缓苗越夏期**　大葱定植后适逢高温雨季，缓苗阶段植株生长缓慢。此期土壤通气性差，易导致烂根、黄叶和死苗。管理上应注意雨后排涝，加强中耕，促发新根和缓苗，此期约60天。

（2）**发叶盛期** 入秋后大葱进入发叶盛期，其发叶速度与温度有关。气温在 20℃以上时，3~4 天发生 1 片新叶，气温降到 15℃后，7~14 天才能发生一片新叶。此期约 30 天，伴随叶片的旺长，葱白开始形成。

（3）**葱白形成盛期**（图 1-9）白露前后是大葱生长的最适宜时期，进入葱白形成盛期，假茎迅速生长和增粗。此期植株功能叶片数最多，一般有 6~8 片，而且叶片功能最强，是肥水管理、培土软化的适宜季节。此期约 60 天，管理上应分期培土，追施速效性肥料，加强灌水，促进植株生长，增加营养物质积累，使叶身中的营养物质及时向叶鞘转移，加速葱白的形成。

图 1-9　大葱葱白形成盛期

（4）**葱白充实期** 当平均气温降至 4~5℃时，叶身生长趋于停顿，葱白增长速度减慢，叶身和外层叶鞘的养分继续向内层叶鞘转移，葱白更加充实，而成龄叶趋于老化和黄化。此期历时约 10 天，大葱进入收获期。

**4. 休眠期**

大葱收获后在低温条件下被迫进入休眠状态，直到来年春季萌发新芽和抽生花薹。

**5. 返青期**

春季气温达到 7℃以上时，植株开始返青生长，到花薹露出出叶孔为返青期，历时约 30 天（图 1-10）。

**6. 抽薹期**

从花苞露出出叶孔至始花为抽薹期，历时约 30 天（图 1-11）。

图 1-10　大葱返青期

图 1-11　大葱和分葱抽薹期

### 7. 开花与结籽期

大葱在越冬期间感受低温而通过春化阶段，形成花芽；遇到高温和长日照条件则抽薹开花，形成种子，完成了整个生育周期（图1-12）。

图 1-12　大葱和分葱开花期

## 第三节　大葱对环境条件的要求

大葱属喜凉蔬菜，其营养生长时期需要凉爽的气候、肥沃湿润的土壤和中等强度的光照条件。因此，大葱产量和品质形成应以秋凉季节为宜，并要严格控制发育条件，防止先期抽薹方可提高产量和品质。

### 1. 温度

大葱既抗寒又耐热，对温变适应性强，但营养生长时期以凉爽的气候条件为宜。大葱种子可在4~5℃的低温下发芽，但在13~20℃下发芽迅速，播后7~10天即可出土。植株生长适温20~25℃，低于10℃生长缓慢，25℃以上高温下植株细弱，叶身发黄，易发病害。

超过 35℃,植株呈半休眠状态,外叶枯黄。大葱的抗寒性极强,−10℃的低温下不致发生冻害。幼苗期和葱白形成期的植株,在土壤和积雪的保护下,可以安全度过 −30℃的严寒季节。因此,在高寒地区,不加保温覆盖也能安全越冬。大葱的耐寒能力取决于品种特性和植株营养物质的积累。幼苗过小,耐寒能力低,经过锻炼或处于休眠状态的植株耐寒能力显著提高。

大葱属于绿体春化植物,营养体长至 3~4 片真叶时感受 0~7℃低温约 14 天即可通过春化,之后遇适宜光温条件则可抽薹开花。葱苗苗龄或营养体越大,春化温度越低,通过春化开启花芽分化的时间越短。比如,章丘大葱长至 4 片叶,假茎基部横径超过 4mm,苗高超过 12cm,在日温 7~15℃下通过春化时间还会缩短。因此,大葱秋播时间不宜过早,以免越冬前营养体过大,翌年春季发生先期抽薹,失去商品利用价值。播种过晚,则葱苗因根系较浅,营养物质积累较少,越冬易冻死苗。

## 2. 水分

大葱叶片耐旱,根系喜湿,生长期间要求较高的土壤湿度和较低的空气湿度。大葱的各个生育阶段对水分的需求存在差异。根据其不同生育期的需水规律和气候特点进行水分管理,是获得大葱高产的重要措施。一般而言,发芽期保持土壤湿润,以利萌芽出土;幼苗生长前期为防止徒长或幼苗过大,应适当控制水分,保持土壤见干见湿;越冬前浇足封冻水,防止苗床缺水,冻干死苗;返青后及时浇灌返青水,促进幼苗返青生长;幼苗生长盛期,土壤蒸发量大,生长加速,应增加浇水次数和浇水量;定植后缓苗阶段应以中耕保墒为主,促根系早发,避免土壤过湿引起烂根、黄叶。葱白形成期是大葱产量和品质形成的关键期,需水量达到最高值,生长速度快,一般 5~7 天浇水 1 次,保持土壤湿润。收获前 10 天,减少灌水,以利养分回流,提高耐储性。

大葱适宜生长的空气湿度是 60%~70%,湿度过大容易导致病害发生。

※提示:一般来说,水分不足,大葱苗期植株生长较慢,植株矮小,辛辣味浓;土壤过湿则易引发沤根、死苗。生产上还应注意大葱播后遇旱则不易出苗或出苗不齐,应及时灌水。

### 3. 光照

大葱对光照要求适中，其光补偿点为 1 200lx，光饱和点为 25 000lx。光照过强，植株纤维含量增多，叶身老化，食用品质下降；光照过弱，光合强度下降，叶身黄化，影响营养物质的合成与积累，引起减产。适宜的光强和增加日照时数有利于大葱叶身生长，而假茎则在黑暗湿润环境下生长良好，因此，生产上常采用大垄宽行定植，培土软化的方法提高产量和品质。大葱营养体通过低温春化后，长日照条件可诱导其花芽分化，由营养生长转至生殖生长。但不同生态型品种对日照长短反应存在差异，对长日反应不敏感的品种春播过早易抽薹开花，生产应加以注意。

### 4. 土壤营养

大葱对土壤条件的适应性较广，沙壤土至黏壤土均可栽培。但沙土过于松散，不易培土，保水保肥性差，产量低。黏土栽培则不利于大葱发根和葱白生长，品质较差。沙壤土土质疏松，通透性好，有机质丰富，便于松土和培土，易获高产。大葱栽培应避免连作，常年连作易发生连作障碍，导致病虫害加重，养分吸收失衡，产量和品质下降。

大葱喜肥，每生产 1 000kg 大葱约吸收氮（N）2.7kg、磷（$P_2O_5$）0.5kg、钾（$K_2O$）3.3kg。大葱营养生长期氮磷钾元素吸收比例为（65~75）：（13~15）：100，旺盛生长期植株吸收氮比重较大，假茎充实期吸收钾元素较多。另外，钙、锰、硼等微量元素对大葱生长也有一定作用。

大葱要求中性土壤，pH 值为 7.0 左右对大葱生长最为适宜。栽培 pH 值范围为 5.9~7.4，生育界限 pH 值为 4.5。酸性土壤种植大葱，应施生石灰进行土壤改良。

# 第二章 葱的类型和优良品种介绍

目前，我国大葱生产用品种多为优良地方品种，近年结合出口和加工引进了部分日本进口品种。在大葱生产的品种选择或引种上应注意坚持生态型相似的原则、纬度相近的原则、栽培方式和条件相近的原则，以选用当年产新种子为佳。

葱种子属于短寿种子，经1个暑期后种子发芽率可降到50%左右，两年以上的种子基本丧失发芽能力。因此，种子含水量保持在9%左右，在储存库0℃甚至以下温度，相对湿度不高于50%的环境下可长期安全储存。

## 第一节 大葱品种的分类

### 1. 我国栽培葱种的3个变种

（1）**大葱变种** 按假茎形态不同可分为3个类型。

① 长葱白类型：相邻叶片出叶孔间距2~3cm，夹角一般小于90°。假茎高大，长/粗比值大于12。产量高，需要良好的栽培条件。含水量高，粗纤维少，香辛油/糖比值低，味甜，宜鲜食（图2-1）。

② 短葱白类型：相邻叶片出叶孔间距较短，夹角一般大于90°。叶片排列紧凑，叶和假茎均较粗短，假茎指数10左右。葱白含水量低，香辛油/糖比值介于长葱白类型和鸡腿形之间，生、熟食兼用，较易栽培（图2-2）。

③ 鸡腿形：相邻叶片出叶孔间距和叶夹角与短白型类似。假茎短，基部膨大呈鸡腿状或蒜头状。不分蘖或分蘖很少。香辛油/糖比值高，香味浓而辣，宜熟食（图2-3）。

图2-1 长白大葱

图2-2 短白大葱

图2-3 鸡腿葱

（2）**分葱变种** 植株矮小，假茎较短，分蘖性强，分蘖数因品种而异。按分蘖数多少、开花与否以及地理分布可分为北方生态型分葱和南方生态型分葱（图2-4、图2-5）。其中，北方型分葱植株较高，单株分蘖3~8个，种子繁殖。南方型分葱植株较矮小，单株分蘖数10个以上，开花结籽的品种以种子繁殖，不结籽的品种分株繁殖。

图2-4　北方型分葱　　　　　图2-5　南方型分葱

（3）**楼葱变种** 植株较矮，分蘖性强，春季抽生花薹，顶端不开花而萌生不休眠的株芽，株芽萌生幼叶，营养条件好，气候适宜时可形成小苗抽生二次花薹（图2-6）。

图2-6　楼葱

**2. 大葱的其他栽培学分类方法**

（1）**按播种时间划分** 白露葱、二秋子葱、伏葱、倒茬葱和春葱等。

（2）**按食用产品形态和时间划分** 羊角葱、青葱和干葱。

（3）**按收获上市季节划分** 冬葱、春葱、夏葱和秋葱。

## 第二节　葱优良品种

### 一、长葱白类型优良品种

长白大葱是我国栽培面积最大的大葱类型，其代表性品种有章丘大葱（图2-7）、中华巨葱（图2-8）等（表2-1）。

图 2-7
章丘梧桐

图 2-8
中华巨葱

表 2-1　长白大葱品种

| 编号 | 品种 | 品种来源 | 特征特性 |
|---|---|---|---|
| 1 | 章丘大葱 | 山东章丘地方品种，现为国内广泛引种，包括"大梧桐"和"气煞风"两类型 | "大梧桐"为大葱中最常见的品种，植株不分蘖，株高120~140cm，最高的可达190cm，假茎匀直，长55~65cm，横径3.0~3.5cm，叶身细长，叶色鲜绿，叶直立，出叶孔间距较大。单株鲜重500~600g，质嫩味甜，纤维少，含水量多，微辣，最宜生食，耐储运性差，不耐抽薹；"气煞风"植株不分蘖，株高110cm左右，假茎长40~50cm，横径3.5~4.0cm，单株鲜重500g左右，管状叶较"大梧桐"粗，颜色深，出叶孔间距小，抗风，宜生熟食 |
| 2 | 中华巨葱 | 河南省许县果树蔬菜研究所葱研究室从章丘大梧桐与章丘气煞风的杂交后代中经系谱法选育而成 | 植株高大，不分蘖，株高100~150cm，葱白长70~75cm，葱白横径4.0cm，单株重600g。葱白粗细均匀，紧实度好，微辣，生熟食均宜。长势快，抗倒伏，商品性好 |
| 3 | 寿光八叶齐 | 山东省寿光市地方品种 | 生长势强，株高1m以上，不分蘖。葱白长40~50cm，葱白横径3~4cm。叶扁宽值较大，叶色绿，叶面蜡粉较多，抗病毒病，紫斑病抗性稍差。风味较章丘大梧桐稍辣，生食、熟食均可。单株重400~600g，一般每亩产鲜葱4000kg左右 |

| 编号 | 品种 | 品种来源 | 特征特性 |
|---|---|---|---|
| 4 | 潍科1号大葱 | 由潍坊科技学院园艺科学与技术研究所利用长白鸡腿葱雄性不育系为母本，紧实长白大葱为父本选育的杂交一代新品种 | 长白鸡腿形，假茎干物质含量高，紧实度高，叶片较长上冲，叶色深绿，蜡粉层较厚，功能叶片6~8片。株高1.2~1.5m，假茎长40~50cm，横径3.5~5.0cm，叶扁宽3.5~5.0cm，单株重550~700g，辣味较浓，耐抽薹，商品性好。高产稳产，夏季耐高温，抗黄条矮化病毒病和紫斑病 |
| 5 | 郑研寒葱 | 由河南省郑州市蔬菜研究所从日本宏大朗寒葱中系选而成 | 株高130~150cm，葱白长60~80cm，单株重500g。葱白紧实致密，干物质率高，品质好。叶色深绿，运输过程不易枯黄。生食辣味浓且散发出清香，储藏后风味不减，适合加工。抗寒性极强，兼具耐热特性，可作四季栽培。华北平原及其生态相似地区均可种植 |
| 6 | 辽葱1号 | 由辽宁省农业科学院蔬菜研究所以冬灵为母本，三叶齐为父本杂交选育的大葱新品种 | 植株高120cm左右，葱白长40~50cm，葱白横径3~4cm，叶片深绿色，蜡粉层较厚。叶片上冲，较抗风。生长期间功能叶片（常绿叶片）4~6片。营养生长期间植株不分蘖，最大单株鲜重可达700g。适于辽宁、黑龙江、吉林、河北、河南、甘肃、北京、天津、内蒙古和新疆等地的栽植 |
| 7 | 莱阳大葱 | 山东省莱阳市地方品种 | 植株高大，株高120~130cm，假茎长55~65cm，假茎横径3.0cm左右，单株重350~400g。叶色绿，叶长而粗，出叶孔间距较大。微辣，丰产性好，抗病 |

## 二、短葱白类型品种

短白大葱地方品种在我国栽培面积不大，其突出特点是假茎较粗，干物质率高，栽培用工相对较少，精细管理也可获得高产。代表品种有天津五叶齐（图2-9）等（表2-2）。

图2-9 天津五叶齐

表 2-2　短白大葱品种

| 编号 | 品种 | 品种来源 | 特征特性 |
|---|---|---|---|
| 1 | 沂水大葱 | 山东省临沂市农家品种 | 株高 70cm，葱白长 25~30cm，单株重 500g 以上。叶数 6 片，叶色深绿，叶面蜡粉中。甜辣，香味浓。抗逆性强，产量高，一般亩产鲜葱 5000kg 以上 |
| 2 | 黑葱 | 陕西省宝鸡市农家品种 | 株高 100cm，葱白长 35cm，单株重 300g。管叶粗，叶色深绿，叶面蜡粉少。风味辛辣，香味浓 |
| 3 | 托县孤葱 | 托克托县农家品种，内蒙古自治区品种审定委员会 1989 年审定 | 不分蘖，株高 90~100cm，葱白长 45cm 左右，横径 2~3cm。单株重 100~150g。耐寒、耐旱适应性强。肉质脆嫩，味甜，辣味较浓，品质中上。每亩产量 1 500~2 000kg，产量高的达 3 000kg 以上。适于内蒙古自治区呼和浩特市及与其气候条件近似的地区种植 |
| 4 | 五叶齐 | 为天津宝坻地方品种经多年选优选纯而成，主要分布于京、津和冀东 | 植株不分蘖，株高 120~150cm，假茎长 30~40cm，横径 3~5cm，单株鲜重 400~800g。生育期内保持 5 片功能叶，出叶孔距离短。抗风，抗寒，抗旱。宜生熟食 |

## 三、鸡腿葱品种

鸡腿葱多为各地方品种，丰产性一般，同样价格下栽培效益较低，因此各地栽培面积很少。其代表品种有隆尧鸡腿葱（图 2-10）、莱芜鸡腿葱（表 2-3）等。

图 2-10　隆尧鸡腿葱

表 2-3　鸡腿葱品种

| 编号 | 品种 | 品种来源 | 特征特性 |
|---|---|---|---|
| 1 | 隆尧鸡腿葱 | 河北隆尧地方品种，冀南、鲁西均有分布 | 株高 80~100cm，葱白长 20~25cm，上细下粗呈鸡腿状，下部最大横径达 5~8cm，单株鲜重 300~500g，假茎叶鞘基部明显增厚，肥嫩，辛辣味浓，耐热，耐寒，耐储运，适应性强 |
| 2 | 莱芜鸡腿葱 | 山东莱芜地方品种 | 植株分蘖力弱，株高 70~80cm，假茎长 20~25cm，底部叶鞘增厚，抱合呈鸡腿形，基部横径 4.5cm，单株鲜重 200~250g。叶色绿，叶面蜡粉中。抗冻，耐储运，香辣味浓，宜熟食。每亩产鲜葱 3 000~4 000kg |
| 3 | 独根葱 | 天津市汉沽县农家品种 | 株高 60cm 左右，葱白长 25~30cm，单株重 150g 左右。假茎基部膨大，横径 4.5cm，向上渐细，且稍有弯曲。叶数 8~9 片，叶色深绿，叶面蜡粉多。葱白肉质细密，辛辣味浓，品质佳，抗病，耐储藏，每亩产鲜葱 2 000~3 000kg |
| 4 | 大头葱 | 宁夏银川市农家品种 | 株高 100cm，葱白长 20cm，单株重 350g。假茎基部呈鸡腿状。叶色深绿，中管状，叶面蜡粉少。味辛辣，风味浓 |

## 四、分葱品种

常见北方型分葱和南方型分葱的代表品种潍科2号分葱（图2-11）等，详见表2-4。

图2-11　潍科2号分葱

表2-4　常见北方型分葱和南方型分葱品种

| 编号 | 品种 | 品种来源 | 特征特性 |
|---|---|---|---|
| 1 | 青岛分葱 | 青岛市农家品种 | 分蘖性强，种子繁殖。株高50~60cm，单蘖重30~50g，管叶细长，叶色绿，叶面蜡粉少。味辣，香味浓，耐储藏，生、熟食皆宜。多采用畦作密植栽培，每亩产鲜葱2 000~3 000kg。适于北方春夏季栽培 |
| 2 | 潍科2号分葱 | 由潍坊科技学院园艺科学与技术研究所利用辐射育种技术从欧洲分葱资源中选育而成 | 属北方型分葱，种子繁殖，单株分蘖4~5个，单株重800g左右，株高100cm，单蘖具有大葱特征。葱白长35~40cm，葱白长/株高为0.35，葱白直径为1.98cm，假茎指数15.9。叶色深绿，叶片上冲，株型紧凑。叶长75cm，叶形指数为21.4。抗病，极耐抽薹，品质优良。丰产性好，亩产可达5 000kg/亩以上。 |
| 3 | 临泉分葱 | 安徽省临泉县农家品种 | 单株分蘖4个，株高100cm左右，葱白长40cm左右，葱白横径1~3cm。管叶较粗，叶色脆绿，叶面蜡粉少。微辣，香味浓，品质优良。耐寒、耐旱，适应性强，适宜加工葱油，每亩产鲜葱4 000kg左右 |
| 4 | 重庆角葱 | 重庆市农家品种 | 株高75~80cm，葱白长15~20cm。管叶较粗，绿色，蜡粉多。葱白圆筒形，洁白，香味浓。适合当地全年栽培 |

| 编号 | 品种 | 品种来源 | 特征特性 |
|---|---|---|---|
| 5 | 双港四季葱 | 天津市津南区双港镇农科站和天津市宏程芹菜研究所从韩国引进资源定向选育而成 | 株高60~70cm，蘖横径0.8~1.0cm，单株定植后当年分蘖3~4棵，葱白长15~20cm。香味浓，辣味适中，口感好。抗紫斑病，耐寒性强，适应性广，可连续中小株多茬收获。平均每亩产量8 000kg。京津地区4—5月播种，7~8月定植，翌年4月下旬收获。适于天津、华北等地栽培 |
| 6 | 嵊县四季葱 | 浙江省嵊县四季葱又名香葱、细香葱 | 单株分蘖5~7个，株高30cm左右，直立丛生。质地细嫩，四季青绿，不辛不辣，香味纯正。耐寒耐热，抗病。可直播和移栽。南方一年四季均可播种，一般亩产鲜葱1 000~1 500kg |
| 7 | 高脚黄分葱 | 河南信阳市郊地方品种 | 植株中等，株高30~35cm。叶长25~30cm，黄绿色。葱白长23cm，可形成10~15分株。辛香味浓，品质好 |

## 五、引进的日本大葱品种

多年来各地引进的适于南北不同区域、不同茬口的日本葱品种较多，但一些品种在形态或生长习性、丰产性、抗病性或抗逆性等方面差异不明显。因此，在品种选择上，应结合本地市场和生产环境进行，着重考虑抽薹性、耐高温或低温、耐涝、抗病以及丰产性等性状。比如，越夏雨水较多地区宜选择卡曼（图2-12）、状元三号（图2-13）、咏夏7号、耐涝明星等耐涝、抗病品种；越冬保护地栽培则需选择耐低温、耐抽薹品种，如锦尚一本（图2-14）、寒川（图2-15）、极晚抽等。

图2-12　卡曼　图2-13　状元三号　图2-14　锦尚一本　图2-15　寒川

# 第三章 大葱绿色高效栽培技术

## 第一节 葱的栽培茬口和周年生产

### 一、大葱产品的收获形态和特点

　　大葱以假茎和绿叶作为收获器官。从植株形态来看，主要以干葱和青葱供应市场。干葱是指秋末收获后冬储，主要以干枯的假茎供食用，可采用秋播或春播促成栽培模式，生育周期较长。青葱是以假茎和绿叶供应市场，其大小规格、生产、收获季节没有严格规定，可根据市场需求，进行露地结合设施栽培，实现大葱的周年供应。

### 二、大葱栽培季节与茬口安排

　　大葱适应性较强，耐寒抗热，在一定的设施条件下可以分期播种周年供应。根据收获时间不同，大葱的主要栽培茬口有冬储大葱栽培、秋延迟栽培、越冬栽培、越夏栽培、露地小葱栽培、露地或保护地倒茬栽培等茬口。大葱常见茬口与栽培方式见表3-1。

表3-1　大葱常见茬口的栽培季节与栽培模式

| 茬口 | 栽培方式 | 播种期 | 定植期 | 收获期 | 产品形态 |
|---|---|---|---|---|---|
| 冬储大葱栽培 | 露地栽培 | 9月中下旬或翌年3月中下旬露地播种育苗 | 5—6月 | 10月下旬至11月初 | 干葱 |
| 大葱秋延迟栽培 | 窄行小沟浅培土 | 5月中下旬播种育苗 | 8月上旬保护地定植 | 12月 | 干葱 |
| 大葱越冬栽培 | 窄行小沟浅培土 | 10月底保护地播种育苗 | 1月底保护地定植 | 4—5月 | 青葱 |

| 茬口 | 栽培方式 | 播种期 | 定植期 | 收获期 | 产品形态 |
|---|---|---|---|---|---|
| 大葱越冬栽培 | 宽行大沟深培土 | 9月保护地播种育苗 | 11月保护地定植 | 6—7月 | 成葱 |
| 大葱越夏栽培 | 窄行小沟浅培土 | 1月底至2月上中旬播种育苗 | 4月下旬 | 7月中下旬至8月初 | 青葱 |
| 露地小葱栽培 | 平畦育苗 | — | — | — | 小葱 |

　　大葱茬口在栽培上属于"辣茬"，系好茬口，因此生产上宜与其他作物轮作复种。主要的高效栽培模式有：麦茬复种大葱模式、春马铃薯复种大葱模式、地膜早熟洋芋复种大葱模式、早春甘蓝复种大葱模式、青花菜复种大葱模式、保护地生姜大葱轮作模式以及玉米、幼龄果园—大葱间作模式；大葱—小麦套作模式、大葱—大白菜套作模式等，生产中可根据本地实际和生产习惯选择适宜的模式。

　　大葱具有一定的耐阴性，宜与其他蔬菜或作物套作、间作。如华北地区春马铃薯—大葱—小麦轮（套）作高效栽培模式在生产上应用效果良好。其基本模式为：3月下旬至4月上旬早春地膜覆盖栽培早熟马铃薯，生育期约为60天，6月中下旬马铃薯收获后定植大葱，10月上中旬大葱行间套作小麦。此栽培模式可兼顾粮菜生产，实现一年三作、两熟，每亩（1亩≈667 ㎡）纯收入过万元，经济效益显著（图3-1）。

图3-1　小麦—大葱套作

## 第二节 大葱露地绿色栽培技术

### 一、冬储大葱绿色栽培技术要点

冬葱栽培周期较长，秋天露地播种，苗龄长达270~300天，从定植到成熟需120~140天，产量较高。春播促成栽培苗龄一般90~120天，定植到收获需130~150天，干葱产量一般不低于秋播，因此可明显缩短生育周期，减少苗圃土地占用时间。

#### 1. 栽培季节和茬口安排

我国北方地区大葱秋播和春播播种时间分别在9月底至10月初或翌年3月底至4月初，翌年6—7月定植，10月后进入收获期。大葱宜与麦类作物、马铃薯、豌豆、春甘蓝等作物换茬轮作，忌与大葱、洋葱、韭菜、大蒜等百合科蔬菜作物连作。

#### 2. 秋播大葱栽培技术

（1）**品种选择** 大葱种植品种的选择应以当地市场需求为导向，选择与当地生态型相适应的优良品种。如以鲜食或作为葱花佐料为主要利用方式，则应选择假茎比和含糖量高而香辛油含量低的长白大葱，如章丘大葱、二生子等。以熟食或以提取香辛油等加工为目的，则应选择干物质含量和香辛油含量较高，且油糖比兼顾的品种，如日本大葱等。另外，近年来我国北方部分大葱产区北方型分葱种植面积有一定的增加，南方葱产区则仍以南方型分葱为主。

（2）**培育壮苗** ①种植地块选择。大葱苗床或定植田均宜选择地势平坦、耕层深厚、土质疏松肥沃、易于排灌，3年内未种植葱蒜类作物的地块，土壤以富含有机质的沙壤土质为佳。②整地、施肥和做畦。大葱育苗可采用平畦栽培。做畦前结合旋耕土地，每亩普施充分腐熟的农家肥3000~4000kg、复合肥30~50kg或颗粒有机肥150~200kg、尿素或磷酸二铵10~15kg、硫酸钾5~10kg。耕后充分耙细、搂平，做成平畦。一般畦宽1~1.2m，畦埂宽25cm、高10cm，踏实，长度根据实际地形确定。③种子处理。大葱播前种子处理主要包括晒种、浸种、消毒和催芽。

---

※提示：1.苗床面积与大田栽培面积比例一般为1∶（8~10）。2.大葱苗床做畦，畦面以中间较高，两边较低，呈龟背形为宜，以免阴雨积水，引发猝倒病害。3.可结合整地施用多菌灵可湿性粉剂以及辛硫磷颗粒剂对苗床进行消毒和杀灭地下害虫。

1）晒种。播种前将精选过的种子摊放于木板或纸板上，在阳光下暴晒 1 天左右，其间每隔 2 小时翻动 1 次，使晾晒均匀。冰柜或种子库低温保存种子必须播前晾晒，否则因种子活力下降导致出苗不齐或不出苗。

播前做发芽率试验。合格种子发芽势（5 天）≥ 50%，发芽率（12 天）≥ 85%，纯度和净度均大于 95%。

用种量。每亩苗床播种量 3~4kg，发芽率较高、稀播不间苗的苗床可播 1.5~2.5kg。

> ※提示：大葱播种最好采用当年新采种子，常温保存经暑期的种子活力和发芽率大大下降。因此，春播或来年用葱种应密封于冰箱冷冻或低温环境保存。

2）种子消毒。温汤浸种。将选好的晒过的种子，放入 65℃左右的温水中，水量为种子体积的 5~6 倍，其间搅拌并维持 55℃水温 15~20min。水温降至 25~30℃停止搅拌，清除秕子和杂质，然后在室温下浸种 3~5 小时，捞出稍晾干后催芽。大葱温汤浸种不仅可起到种子表面灭菌的作用，还可促种子提前 1~2 天出苗。

干热处理。干燥的大葱种子（含水量 6% 左右）放入 70℃恒温箱或烘箱 72 小时，可有效杀灭种子内外病菌和病毒。

药剂消毒。常见消毒方法可杀灭种子带毒（表 3-2）。药剂消毒应严格把握消毒时间，结束后立即用清水冲洗数遍。

表 3-2　常用大葱种子消毒方法

| 药剂 | 时间(min) | 灭菌名称 |
| --- | --- | --- |
| 2%~3% 漂白粉溶液浸种<br>0.2% 高锰酸钾溶液浸种 | 30<br>20 | 种子表面多种细菌 |
| 40% 福尔马林 100 倍液浸种 | 20 | 炭疽病、猝倒病 |
| 97% 噁霉灵可湿性粉剂 3000 倍液、<br>72.2% 霜霉威水剂 800 倍液等浸种 | 30 | 猝倒病、疫病 |
| 10% 磷酸三钠溶液浸种 | 20 | 病毒病 |

3）催芽。大葱可采用干籽播种，但播期遇低温、阴雨等恶劣天气或为促苗早发均可采用浸种催芽方法。

催芽前浸种。一般常温下浸种以 6~8 小时为宜；采用温汤浸种后可减至 2~4 小时。

催芽温度和时间。大葱适宜催芽温度为 15~20℃，所需时间为 2~3 天，待 70% 左右的种子露白即可停止催芽，进行播种。

催芽方法。把浸种后稍晾干的种子用湿棉布（纱）或湿毛巾包好，放于隔湿塑料薄膜上，上覆保温材料保温。有条件时也可将湿布包好的种子放于恒温箱内进行催芽。箱内温度设定为 20℃ 左右，相对湿度保持在 90% 以上。每 4 小时翻动 1 次，直至种子露白。注意：包种子时种子包平放厚度不宜超过 3cm。催芽过程中应间隔 4~5 小时翻动种子，进行换气，并及时补充水分。

4）播种。根据本地区的气候特点、市场需求和生产条件确定播种时期和方法。

播种时期。北方大葱秋播播期多在秋分前后，各地由北向南可适当推迟。以日平均气温 16~17℃，葱苗冬前生长期 90 天，有效积温 620℃ 左右为宜。

播种方法。大葱的播种方法包括撒播和条播。无论撒播还是条播均可先浇水后播种（湿播法）或者先播种后浇水（干播法），秋播大葱地温较高，湿播法和干播法均可。

a. 撒播法：在平畦内均匀取土 1~2cm，过筛后置于邻畦。为使播种均匀一致，可将种子按照 1∶5 的比例掺入细沙，混匀。然后在平畦内浇透水，水渗干后均匀撒种于整个畦面，取邻畦过筛土全畦覆土 1.5cm（图 3-2）。

筛覆盖土　　　　　撒种　　　　　覆土

图 3-2　撒播法

　　b. 条播法：在畦面内用沟齿划沟，沟深 1.5~2.0cm，沟距 10cm 左右，以锄头除草方便为宜。然后沟中均匀撒入种子，用耧耙耧平后浇透水。播种时如平畦内墒情好时可不必浇底水，但撒播覆土后应及时镇压接墒。秋季干旱地区提倡播种后畦面覆盖地膜，以增温保墒，并防止雨水直接冲刷畦面"翻籽"，促早出苗（图 3-3）。种子萌芽出土后及时于傍晚时间揭膜。

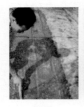

划沟　　　　　　撒种　　　　　　　覆土　　　　　覆盖地膜

图 3-3　条播法

　　5）苗床管理技术。

　　前期苗床管理技术要点。

　　前期苗床肥水管理：播种后应保持畦面湿润，出苗前如畦面出现干裂应及时浇小水 1 次，秋播一般 7 天左右即可出土。出苗后应适当控制肥水，以防葱苗徒长，开春先期抽薹。管理上，越冬前一般不再追肥，待苗子长至 5cm 左右后根据墒情浇小水 2~3 次。立冬前幼苗停止生长时浇"封冻水" 1 次，苗床覆盖 1~2cm 厚草木灰、厩肥或设置风障，助苗防寒越冬。

　　间苗、除草和中耕保墒：秋播大葱越冬前苗床不需要间苗。越冬前苗床出草较少，撒播畦面可用手拔除或小锄刀割除。条播畦面，可在浇水或雨后及时进行间中耕除草，以保墒防地面板结。

---

　　※禁忌：1.大葱苗床播种后不应采用除草剂除草，以免产生药害。2.韭菜田用除草剂不可直接用于葱田，须试验安全后方可应用。3.大葱苗床除草剂除草，可在播前采用33%二甲戊灵乳油100~150mL，兑水15~20L，播前进行土壤处理，不可播后喷施。

---

　　秋播大葱越冬前壮苗标准：苗龄 2 叶 1 心，植株高 10cm，假茎粗 0.4cm，叶色浓绿，根系发白，壮而不旺，无病害斑。

中期苗床管理技术要点。

肥水管理：越冬后 2 月底至 3 月初葱苗进入返青期，应适时浇返青水 1 次，结合灌水每亩冲施尿素或磷酸二铵 10~15kg。3 —4 月苗床还应根据墒情和苗情，及时追施肥水 1~2 次，肥料以速效氮肥、复合肥或复合生物菌肥交替施用为佳，用量一般为 10~15kg/ 亩。

间苗、除草和划锄：此期应及时间、疏杂、弱、病苗，一般进行 2 次间苗。第一次在返青后进行，撒播床保持苗距 2~4cm。第 2 次在苗高 18~20cm 时进行，保持苗距 4~7cm，亩留苗 12 万株左右。每次浇水后及时划锄，防除杂草。

后期苗床管理技术要点。

肥水管理：进入 5 月至定植前是培育壮苗的关键时期。应结合浇水，亩施尿素或复合肥 15~20kg，叶面喷施 0.2% 磷酸二氢钾溶液或叶面微肥 2~3 次。定植前 10~15 天控制水肥进行蹲苗。定植前浇小水，以利于起苗。

病虫害防治：5 —6 月是霜霉病以及蓟马、蝼蛄和葱蝇等病虫为害盛期，应及时防治。

大葱定植前壮苗标准：苗高 40~50cm，葱白长 25cm 左右，茎粗 0.7~1.0cm，单株重 30~40g。功能叶 5~6 片，叶色浓绿，根系发白健壮，无病害，具备本品种的典型特征。

（3）**整地施肥** 前茬收获后及时深翻晒土，杀灭病菌。结合整地每亩普施农家肥 4 000~5 000kg 或稻壳鸡粪 3 000kg，合墒后开沟，沟宽 15~30cm，沟深 20~30cm。章丘大葱葱白较长，因此沟深 40~50cm，沟宽 30~40cm 为宜。结合开沟每亩集中沟施有机肥或饼肥 50~100kg 和三元复合肥 30~50kg 或尿素 10~15kg、钙镁磷肥 30~50kg、硫酸钾 10~15kg。然后深刨沟底，使肥土均匀。大葱定植行距标准约为葱白长度的 1.5 倍，一般长白大葱行距 70~90cm，短白大葱 50~60cm。开沟时一边宜垂直，以免葱苗长弯。

（4）**定植**

① 定植适期冬储大葱定植时间一般为 6 月中下旬至 7 月上旬，即芒种至小暑之间，在此范围内定植时间宜早不宜迟，原则上应能保证定植后有 130 天左右的生长时间。茬口适宜时，早葱定植时间也可提前至 5 月下旬或 6 月上旬。

② 葱苗处理。起苗。起苗前，如苗床干旱，则可于定植前 1~2 天浇小水 1 次，待湿度适宜时再行起苗。起苗时用手握住葱根部或者不浇水用铁锹、叉子起苗均可。起苗过程注意防止伤根、拔断等问题，抖掉根上泥土，然后摘除枯叶，剔除伤残、病虫以及不符合本品种特征的植株，最后成把顺序摆放。

分级。苗床葱苗一般会出现葱苗大小不一的现象，大小苗混合定植不利于田间管理。应按照葱苗大小分成大、中、小 3 级（图 3-4）。葱苗数量充裕时，一般只选用一二级苗。出圃幼苗按等级捆扎，运输过程适当遮盖，避免暴晒。当天未定植完的幼苗应根朝下，置阴凉处存放，不可堆垛，以免夜间呼吸放热烂苗。

图 3-4　葱苗分级

切叶定植。起苗后，根部对齐整齐捆扎，然后用刀切去上部叶片，保留葱白和 10cm 左右葱叶，切叶后应立即定植。

药剂处理。定植前结合定植沟中施肥，施入 5% 辛硫磷颗粒剂 3~4kg/ 亩，以预防葱蝇等地下害虫。

③ 定植密度。大葱定植的合理密度应根据品种特征、土壤肥力、葱苗大小以及定植时间早晚决定，一般定植株距 4~7cm。定植密度须把握的基本原则：一般长白大葱亩株数以 1.6 万 ~2 万株为宜，短白大葱以 2 万 ~3 万株为宜。定植较早或选用大苗可适当稀植，定植晚或小苗应适当密植。

④ 定植方法。将分级的葱捆逐段摆放于垄上，同一级别幼苗种植在同一地段。定植方法可分为插栽法和摆栽法。

插栽法，又分湿插法和干插法（图 3-5）。

湿插法：先在葱沟灌水，待水下渗后，以沟底中线为准单行插葱。左手拿葱苗将根须按株距放于沟底，右手用葱杈抵住葱须根插入土中，再微微向上提起，使须根下展，保持葱苗挺直。插后保留插孔以利通气。插完后在葱苗两侧培土，踩紧即可。此法的优点是定植速度快，大葱直立性好。需注意在定植前将定植沟土刨松，以利插苗。

干插法：就是先插葱后灌水的方法。

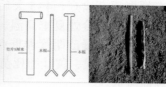

湿插葱干　　　　　　插葱筒　　　　　　　　　易工具

图 3-5　插栽法（湿插法和干插法）及简易工具

摆栽法。将葱植株按株距摆放于定植沟壁一侧，垄向为南北方向的摆在西侧壁，垄向东西方向的摆放于南侧壁，以减轻暴晒。摆放完 1 沟后，立即用锄头用沟底土埋住根部，厚 7~10cm。随后灌稳苗水或定植水，水流宜缓，以免冲倒葱苗，水渗透后稍覆土保墒（图3-6）。摆栽法的优点是定植速度快，缓苗快，但生产的大葱葱白基部易弯曲，从而影响其商品性。

图 3-6　摆栽法

为便于密植、植株透光和田间管理，定植时葱叶扇面应与垄向垂直或呈 45° 角，定植深度以 7~10cm，覆土不埋住葱心为宜。定植过深不利于发根和发苗，重则植株死亡。过浅则栽后易倒伏，不便于培土。植株高度不一致时应把握上齐下不齐的原则。定植后3~5 天，根据实际墒情再浇 1 次缓苗水，之后中耕蹲苗。

（5）田间管理　冬储大葱的主要收获和利用器官是假茎，因此大葱定植后田间管理重点是促进葱白生长。主要的技术管理措施是加强肥水管理，促根、壮棵和培土软化，为葱白产量和品质的形成创造适宜的环境条件。不同生育阶段的管理措施如下。

① 缓苗期。大葱定植后近 1 个月的时间为缓苗期。葱苗定植后原有须根逐渐腐烂，4~5 天后开始萌发新根，新根萌发后心叶开始生长，但此期恰处夏季高温、高湿季节，大葱生长较为缓慢，处于半休眠状态。缓苗期管理重点是促根，提高土壤通透性，合理水分运筹，防止烂根、黄叶和死苗。可在插栽时在植株周围留 1 个孔眼，以利通风透气。

具体管理措施为：此期如天气不过于干旱一般不进行浇水和施肥。必要时在定植半个月后浇小水 1 次，并结合浇水施用"沃益多"液体生物菌肥 1~2 次，以防病、促发新根。雨后及时排出田间积水，以免造成根系供氧不足，发生沤根、叶片干尖黄化或死苗。加强中耕除草，每次浇水或雨后均应及时锄松垄沟，防止土壤板结，增强土壤保墒和通气性。缓苗后结合中耕进行少量覆土。此期，可视情况叶面喷施液体硅肥和铜制剂 1~2 次，防叶部病害。

② 发叶期。此期大体时间为 8 月初至 8 月下旬（立秋至白露）。立秋后随着气温下降，昼夜温差加大，根系基本恢复正常功能，进入发叶盛期，植株对水肥需求增加。但此期气温偏高，大葱生长仍然缓慢，水肥管理上应把握浇小水和早晚浇水的原则。发叶期管理重点是加强水肥管理和病虫害防治，促叶片功能提升，开始培土围葱为葱白高产打下基础。

具体管理措施为：肥水管理。可根据苗情，结合浇水和培土分别于立秋和处暑后进行追肥。8 月上旬葱白进入开始生长期后进行第一次追肥，可于垄沟、垄背撒施颗粒有机肥 50~100kg/ 亩、尿素 10~15kg/ 亩、硫酸钾 5kg/ 亩或三元复合肥 20kg/ 亩。然后进行浅除中耕，并浇水 1 次。随后土壤水分适宜时进行培土 1 次。8 月下旬，天气晴朗，光照充足，华北地区气温在 20~25℃，葱苗进入管状叶盛长期，生产上应追施速效肥为主。可在垄沟撒施尿素 10~15kg/ 亩、硫酸钾 15~20kg/ 亩。追肥后浇水 1~2 次。随后垄背墒情适宜时放大锄中耕，破垄平沟围葱棵。

浇水依据。此期浇水应根据田间气温变化、土壤墒情、降水情况、苗子长势等因素综合决定浇水适期和浇水量。其中根据苗情判断大葱缺水症状为：叶色深绿发暗，叶面蜡粉增厚，午间叶片萎蔫，下垂。判断大葱是否阶段性缺水，可根据心叶与最长叶片的长度差判断，长度差 15cm 左右为水分适宜，超过 20cm 则应及时浇水。

病虫害防治。发叶期是甜菜夜蛾、蓟马、葱蝇以及霜霉病、紫斑病、灰霉病、软腐病等病虫害的高发期，应及时采取多种措施进行防治，具体方法可参考"大葱病虫害防治"一章。

③生长盛期。9 月初至 10 月中下旬（白露至霜降）气温逐渐降至 24℃以下，大葱开始旺盛生长，并进入葱白形成期，是水肥管理的关键期。因此，此期应及时追肥，氮磷钾配合施用，以速效肥为主。浇水坚持勤浇，浇大水，经常保持土壤湿润。生长盛期管理重点是水肥齐攻和多次培土，促进假茎膨大和葱白软化，同时加强病虫害防治，争取丰产优质和高效的生产目标。

具体的土肥水管理措施为：9 月上旬华北地区气温降至 20~22℃，是葱白生长盛期，白露左右应及时追肥，肥量为尿素 10~15kg/ 亩、硫酸钾 10~15kg/ 亩或三元复合肥 30~50kg/ 亩。追肥后用大镢培土埋肥，垄背变垄沟，并随后在沟内浇水 1 次。9 月下旬气温降至16~20℃，是葱白显著膨大期，也是水肥需求高峰期。秋分前后应根据葱白长度进行培土 1 次，并在垄沟内施用尿素 15~20kg/ 亩、磷酸二铵 15~20kg/ 亩、硫酸钾 10~15kg/ 亩或三元复合肥 30~50kg/ 亩。结合中耕覆盖肥料后，浇水 1 次。

此期需注意，大葱追肥在突出氮肥的基础上应注意氮磷钾平衡施肥，并酌情施用钙镁等中微量元素方能获得高产。可根据植株田间长相进行营养诊断：氮素不足，葱叶呈黄绿色或黄色，叶片较小，植株矮小；磷素不足，植株根系发育不良，植株矮小；钾素不足，光合作用下降，不抗倒伏，抗病虫害能力下降。

10 月初（寒露前后）气温降至 15℃左右，昼夜温差继续加大，叶面积指数达到最高值，叶片内同化物向假茎转运加快，此期管理的重点是浇水，每隔 6~7 天浇水 1 次，要求浇足、浇透，保持土壤见湿不见干。并根据大葱长势情况，于 10 月中旬进行第四次培土。此期判断葱水分充足的长相是叶色深绿，表层蜡质增厚，管状叶内充满黏液，葱白发白而有光泽，叶片遭严霜不垂萎。此期浇水较多，保持土壤透气良好对于根系和葱白发育非常重要，因此应在浇水或雨后及时中耕，拔除杂草，防止土壤板结。另外，大葱盛长期是紫斑病、灰霉病以及蓟马等病虫害的多发期，应注意及时防治。

④ 葱白充实期。霜降前后天气转凉，叶片生长缓慢，进入葱白充实期。此期应小水勤浇，不可缺水，一旦田间缺水，则叶身松软，葱白质软空洞，产量和品质下降。

⑤ 培土。培土是冬储大葱软化栽培的一项重要技术措施，主要起软化葱白，增加其紧实度，防止倒伏的作用。在整个大葱生育期内，一般进行 4~5 次培土，每隔半月 1 次。

> ※提示：培土假茎软化技术的原理是葱的假茎由叶鞘环抱而成，而叶鞘的生长延长需要湿润、黑暗的环境条件，培土越深则假茎越长，组织越充实。

一般从立秋后开始第一次培土，以后处暑、白露、秋分和寒露分别培土 1 次。每次培土厚度以培至最上部叶片的出叶孔处为宜，不可埋住葱心叶。培土过程为第一次培土深度约为葱沟的一半；第二次培土与地面持平；第三次培土成浅垄；第四次培土成高垄（图 3-7）。

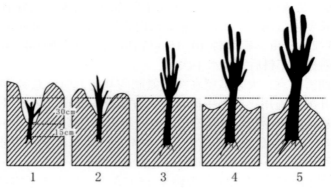

图 3-7　大葱各期培土情况

1. 培土前情况　2. 第一次培土　3. 第二次培土　4. 第三次培土　5. 第四次培土

培土需注意的问题：初期培土可结合中耕除草，进行少量培土，以后逐渐将垄土平于定植沟内。培土宜在下午进行，早晨露水较大时，葱叶脆而易折，易引发叶片腐烂或病害传播。不宜过早、过深，尤其高温、高湿季节不宜培土，以免引发根茎腐烂。培土一般应在施肥、浇水后进行，把握前松后紧的原则，即生长前期培土勿过紧实，以免葱白上粗下细，影响品质。一般每次培土深度3~4cm，取土深度不宜超过沟深的1/2，宽度不超过行距的1/3，以免伤根。培土次数和高度因品种而异，短葱白品种应适当减少培土次数和高度。

（6）**收获** 大葱的收获期应根据各栽培地区气候环境、栽培茬次和市场需求灵活确定。秋播大葱以鲜葱供应市场的一般在8—10月收获，干葱则宜在10月中旬至11月上旬，待叶片见霜后变薄下垂，养分基本回流后收获。

收获时不可直接用手拔葱，可将土刨松，用手轻拔大葱，抖掉根系泥土。立冬前收获大葱不宜在早晨有霜冻时进行，应在太阳升起缓冻后进行。收获后，将大葱平摊在地面适当晾晒，捆扎好后置于冷凉处储存，在冬春供应市场。

## 二、春播冬储大葱促成栽培技术要点

春播冬储大葱是指大葱春季借助设施提前播种，夏季定植，秋冬供应市场的栽培茬口。由于苗龄较短，一般为90~120天，定植期相对延后，因此产量一般较秋播大葱低。但春季播种大葱发苗快，育苗时间短，无先期抽薹的问题，采取以小拱棚、地膜覆盖等设施促早播、促苗早发以及田间加强水肥管理等以促为主的栽培方法，产量基本和秋播大致相同，并可以有效增加复种指数，提高土地利用率。栽培要点如下。

### 1.茬口安排

华北地区春播育苗一般在2—3月，播后覆盖农膜，有条件的地区可搭建小拱棚或大拱棚。6月中下旬定植，10月底至11月初以鲜葱或冬葱供应市场。

> ※提示：大葱春播育苗一般在当地土壤夜冻日消，地面化冻15cm时播种为宜。大拱棚或日光温室环境下，可适当提前早播，早播有助于培育大苗，增加产量。

### 2.小拱棚、农膜双膜覆盖育苗的注意问题

（1）**设施育苗** 提倡小拱棚、地膜双膜覆盖育苗，可比露地育苗提前20~30天出圃。基本方法为：整畦、喷洒除草剂和播种后进

行地膜覆盖，之后在畦面上搭建小拱棚。大葱育苗小拱棚棚架为半圆形，高度 0.3~0.5m，宽度和长度因畦而定。骨架用细竹竿按棚的宽度将两头插入地下形成圆拱，拱杆间距 30cm 左右。全部拱杆插完后，绑 3~4 道横拉杆，使骨架成为一个牢固的整体。覆盖薄膜后可在棚顶中央留一条放风口，采用扒缝放风。为了加强防寒保温，棚的北面可加设风障，棚面上于夜间再加盖草苫。还可于播种前在苗床表土下 10cm 铺设远红外电热膜等辅助加温设施，可进一步缩短育苗周期。

出苗后及时清除农膜，以免覆盖空间太小、湿度过大引发猝倒病等苗期病害。随气温回升应注意小拱棚扒缝放风进行降温、降湿。早期温度较低，放风可先从一头进行，然后逐渐两头放风和两侧扒缝放风。待室外温度稳定在 10℃以上时，可将棚膜全部卷至棚顶或拉至一侧（不必撤膜），待降雨时遮盖防雨可大大减轻苗期病害的发生。

（2）**苗床除草** 大葱春播苗圃草害多发，很难拔除，因此应在整畦后及时喷洒除草剂除草。

（3）**浸种催芽** 为进一步促提前出苗，春播大葱播种提倡浸种催芽和撒播方法。

（4）**水肥管理** 在浇足播种水和施足基肥的基础上，根据苗床实际墒情在即将出苗时浇蒙头水 1 次或在子叶直钩前浇小水 1 次，防止畦面板结延迟出苗时间。幼苗生长前期应尽量减少浇水次数，不必追肥，以利地温回升，促根系发育，防苗徒长或沤根。随气温回升和葱苗生长加快可增加浇水次数和浇水量。同时结合浇水追施速效氮肥，配施磷钾肥促苗，具体可参考秋播大葱苗床的春季管理。

（5）**苗床防虫** 春播大葱苗期 4—6 月恰逢蝼蛄等地下害虫为害盛期，可先将麦麸、米糠、豆饼等炒香，按照 0.5%~1% 的比例拌入用水溶解或稀释的 90% 晶体敌百虫、50% 辛硫磷乳油等药剂制成毒饵，于苗床或田间每平方米撒施 2.25~3.75g 进行毒杀。5—6 月是霜霉病以及蓟马、斑潜蝇、葱蝇等害虫为害盛期，应及时防治。

### 3. 田间管理

① 双膜覆盖春播大葱定植期一般在 6 月中下旬，与秋播大葱相差不大。

② 春播苗定植大葱以鲜葱供应市场的一般在 10 月上旬收获，以冬储大葱供应市场的以 11 月上旬收获为宜。

③ 其他田间管理措施参照秋播大葱。

# 第三节　大葱抗重茬栽培技术

大葱为不耐连作作物，生产上在同一地块常年种植大葱易引发连作障碍，即所谓的重茬病害。大葱重茬病害是由病原菌、土壤理化性质改变和养分供应失衡以及有害毒素的产生等多种因素引发，生产上具有一定的克服难度。重茬病田间发病率一般在 10%~30%，植株枯死，造成缺苗断垄，严重者可造成绝产，是一种毁灭性病害，处理不当则严重影响大葱的产量和品质，是大葱周年生产的重要制约因素。

## 一、大葱重茬病害的产生原因

① 多年连续种植大葱可导致侵染大葱的病原菌积累增多，病原菌耐药性增强。

② 由于作物吸收具有选择性，土壤中同类营养元素被消耗较多，导致营养失衡或不足。

③ 大量施用化学肥料，忽视有机肥和微肥的搭配，造成土壤板结、酸化、盐渍化加重，土壤理化性状恶化。

④ 前茬作物的残体（包括根、叶等）在腐烂分解过程中会产生一些毒素，如有机酸、醛、醇、烃类，对下茬作物有明显的抑制作用。

## 二、大葱重茬综合防控技术

### 1. 农业措施

（1）**轮作换茬**　大葱忌连作，一般以间隔 3~4 年种植为宜。因此，大葱最好与禾本科作物或甘蓝、芹菜等非百合科蔬菜轮作，亦可与深根系根菜类、茄果类、豆类、瓜类（黄瓜除外）等作物轮作。

（2）**适当深耕**　深耕易打破犁地层，耕深 25cm 以上。生产上宜冬前深耕，若结合进行冬灌效果更好。

（3）**配方施肥**　在测土基础上根据大葱的养分需求规律合理配方施肥。

（4）**增施有机肥**　有机肥肥效缓慢，但养分全面，大葱生产上提倡重施有机肥。一般地力可每亩施优质圈肥 5 000kg、鸡粪 500kg（鸡粪须用辛硫磷喷拌，农膜覆盖堆放 7 天）或实行小麦、谷子或玉米等作物秸秆还田。秸秆还田可以有效改善土壤理化性状，减缓土壤次生盐渍化，增加土壤保肥蓄水能力，还能起到强化微生物相克的作用，对防治和抑制有害菌效果很好。

（5）**选用抗性品种** 在重茬地块可以试验引进或选种不同类型的主栽品种，以避免种植单一品种造成的生态脆弱性。

**2. 种苗处理**

① 采用福尔马林、高锰酸钾等浸种，可防治多种病菌。

② 葱苗定植前用 30% 噁霉灵 600~800 倍液 +10% 吡虫啉可湿性粉剂 1 500~2 000 倍液蘸根。

**3. 选用抗重茬剂**

大葱田常用抗重茬剂有重茬 1 号、重茬 EB、重茬灵、抗击重茬、CM 亿安神力、泰宝抗茬宁以及"沃益多"生物菌剂等。部分抗重茬剂用法见表 3-3。

表 3-3　大葱常用抗重茬剂作用特点与施用技术

| 名称 | 剂型 | 作用特点 | 施用方法 |
|------|------|---------|---------|
| 重茬 1 号 | 微生物菌剂，集氮、磷、钾、微量元素活化于一体 | 抑制病菌，抗病害；活化养分，营养全面；疏松土壤，改善土壤环境；促根壮苗，提质增产 | ①拌种：种子清水浸湿，捞出控干后，将药剂洒在种子上拌匀，阴干后播种。②药剂拌土或拌肥均匀撒于种子沟或全田撒施。③灌根：药剂用水稀释后，喷雾器去喷嘴灌根或随水冲施 |
| 重茬 1 号 | 纯生物制剂 | 含多种有益微生物，可疏松土壤，活化养分；抑制有害病菌抗重茬，提高作物免疫力，使大葱少得或不得重茬病 | 每亩用 2kg 与细土拌匀后撒施 |
| 重茬灵 | 生物叶面肥 | 内含多种有益活性菌群、脂类、糖类、抗生素及植物生长促进物质，兼有营养、抗病双重功效，一般增产 30% | 每亩用 100mL 对水稀释成 800~1000 倍液叶面喷施，每 7~15 天喷 1 次，共喷 2~4 次。喷雾要均匀，以叶面有水滴为度 |

| 名称 | 剂型 | 作用特点 | 施用方法 |
|------|------|----------|----------|
| "沃益多"生物菌剂 | 纯生物制剂 | 产生多种活性酶类，可作用于根系刺激根系分泌抗生素等大量代谢物和次生代谢物；可有效干扰根结线虫、真菌和细菌等土传病虫害的正常代谢；调节土壤 pH 值趋中性；有利于土壤团粒结构形成和植物自身抗病机制增强 | 施用前，加"沃益多"营养液激活 3 天，用水稀释至 30kg，加适量甲克素诱导。大葱定植缓苗后或越夏期间，随水冲施或喷雾器去喷嘴灌根 |
| 抗击重茬 | 含微量元素型多功能微生物菌剂 | 活化土壤，改良品质；抑菌灭菌，解毒促生；平衡施肥，提高肥效；增强抗逆，助长促产 | 可做种肥或追肥，每亩用量 1~2kg |
| 泰宝抗茬宁 | 生物制剂 | 可杀菌抑菌，提高肥料利用率，调节土壤 pH 值，疏松土壤防板结，促进根系发育等 | 可 0.25% 拌种、50 ∶ 1 土药混拌撒施或药剂 500 倍液灌根或冲施 |
| CM亿安神力 | 复合微生物制剂 | 可改善土壤理化性质，抑菌杀虫，提高作物光合作用等 | ①蘸根、浸种：用 100mL 亿安神力菌液加水 3kg（30 倍稀释）逐株蘸根，即蘸即栽。葱种浸种 2~8 小时。②药剂 500 倍液灌根 |

注：大葱抗重茬剂不可与杀菌剂同时施用，以免降低应用效果。连作障碍严重地块可先行施用杀菌剂，经 15 天以上待杀菌剂失效，再施用抗重茬剂。

# 第四章 大葱全程机械化生产技术

　　长期以来，我国大葱主产区传统生产方式，包括育苗、定植、培土和收获等主要生产环节均由人工完成，每亩生产成本超过3000元，无论从降低生产成本还是从我国农业劳动力可持续角度，实现大葱全程机械化生产已经势在必行。大葱全程机械化生产在提升生产效率的同时，可降低生产成本30%以上，有助于大葱标准化、集约化、规模化生产。穴盘集约化育苗技术和机械化生产核心环节见图4-1。

## 第一节 大葱全程机械化生产穴盘育苗关键技术要点

　　大葱集约化穴盘育苗是大葱全程机械化生产的关键环节，但目前生产上普遍存在葱苗细弱、易倒伏、水肥管理不易把握、病虫防控困难等实际问题，需要在生产中加以克服。其技术要点如下。

### 1. 大葱穴盘苗机械化定植标准

　　机械化定植穴盘苗标准：苗龄45~60天，植株健壮，不倒伏，葱苗株高15cm，假茎长10cm左右，假茎粗0.3cm左右，功能叶2~3片，叶色浓绿，根系发白，壮而不旺，无病虫斑；定植前切叶，保留残叶2cm左右，根系部分3cm（图4-2）。

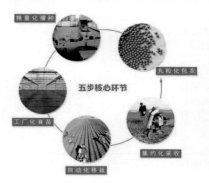

图4-1
大葱全程机械化生产核心流程

图4-2
符合机械化定植标准的大葱穴盘苗

## 2. 种子处理

机械播种前可通过专业公司将填充剂、杀菌剂、杀虫剂、肥料、植物生长调节剂等成分混合黏附于种子表面进行包衣处理（图4-3）。经过包衣丸粒化处理的种子出苗更加均匀一致，有助于提高苗期综合抗性，有效促进苗全、苗齐、苗匀、苗壮。

图4-3 丸粒化包衣

## 3. 育苗设施

大葱穴盘育苗常采用设施为塑料大拱棚、玻璃温室等（图4-4）。冬季育苗则需添加小拱棚等多层覆盖（图4-5）。

图4-4 大葱穴盘育苗常用设施　　图4-5 大棚内添加小拱棚

目前大葱穴盘育苗多在苗床进行，育苗过程中根系下扎可避免水肥浪费，但多年连作会造成重茬病害多发，因此播种前需要对棚室和土壤进行灭菌处理。

（1）**棚室消毒** 每亩可用45%百菌清烟剂、20%霜脲·锰锌烟剂、15%噁霜·锰锌烟剂250~350g烟熏杀灭病原菌。每亩可用10%敌敌畏烟剂、15%吡·敌畏烟剂、10%灭蚜烟剂或10%氰戊菊酯烟剂300~500g灭杀害虫。5~6处烟熏点，于傍晚闭棚后均匀点燃，第二天早晨放风排烟。视情况，每7~10天熏烟1次，连熏2~3次。

（2）**地面床土处理** 每平方米床土可用50%福美双可湿性粉剂，或用25%甲霜灵可湿性粉剂，或用50%多菌灵可湿性粉剂8~10g，并用50%辛硫磷乳油800倍液均匀喷、拌入10~15kg细土中配成药土，播种前撒施于苗床上并翻入地下。如育苗地块连作年限不长，亦可在播种前苗床浇灌 $8 \times 10^{10}$ CFU/mL 地衣芽孢杆菌水剂或"沃益多"复合生物菌剂(有效菌量 $2 \times 10^{10}$ CFU/mL,下同)。

### 4. 机械精量播种

机械播种可一次性完成基质装填、压穴、播种、覆土全过程,大大节省劳力,提高效率。大葱育苗采用220孔吸塑穴盘(图4-6)。育苗基质采用草炭或椰糠基质,以国外进口基质或国产优等基质为宜。草炭基质配比以草炭:蛭石:珍珠岩＝3:1:1为宜,要求基质透气性好、不板结、不泛碱、不滋生杂草。如采用椰糠基质,夏季育苗宜采用颗粒较细的椰糠,冬季采用颗粒较粗的椰糠,有利于水分蒸发。一般情况以粗细颗粒比为70:30的椰糠较为适宜。如果在出苗后施用生物菌肥,可在 $1m^3$ 基质中添加黄腐殖酸有机肥 3~5kg,以利于有效发挥生物菌剂的促生和防病作用。

图4-6　220孔大葱育苗穴盘

采用 MINORU VE-31 型播种机干籽播种(图4-7),穴播3粒,覆盖基质厚度0.5cm,播种速度6~10盘/分钟。播后浇透水,将穴盘整齐摆放于大棚育苗床。根据经验,干基质上盘后播种存在基质难以均匀浇透的问题,因此生产上也可先将基质拌湿后再上盘播种,可有效保障出苗整齐和早出苗。

图4-7　MINORU VE-31 型大葱穴盘苗播种机

### 5.出苗后管理

由于大葱苗期与茄果类、瓜类等明显不同，苗期阶段发育缓慢，叶片数量变化很少，不会出现现蕾、开花等标志阶段。苗期管理上考虑大葱出苗后存在种子自养和前期苗小需水肥较少，且冬季浇水多低温下易猝倒等因素；中后期随幼苗生长发育进程加快，水肥需求相应增加；后期若水肥不足则易出现叶片变黄（缺氮）、假茎显紫色（低温下缺磷）等问题。因此，生产中将大葱育苗期划分为前、中、后期3个阶段比较符合大葱生长发育特点，且在实践中是可行的。

以春播为例，2月中下旬播种，播后5~7天出苗（图4-8），以苗龄60天计，则苗期水肥管理可大体按照前期（播后0~20天）、中期（播后20~35天）和后期（播后35~60天）3个阶段进行。冬季拱棚育苗，以山东为例，为实现周年供苗，在11月至翌年1月均会播

图4-8　大葱穴盘苗出苗

种，但这个季节大拱棚的白天和夜间温度均较低，葱苗生长极为缓慢，即使增加水肥供应也达不到促长效果，育苗效率大大下降，因此在生产指导中并不提倡。

（1）**水分管理**　大葱穴盘育苗单穴基质量少，水肥保持能力差，因此宜采用自动喷淋系统小水勤浇。水经磁化后可显著促进大葱发芽和植株生长发育，因此建议生产中将井水磁化后再浇灌（图4-9、图4-10）。

图4-9　水肥自动喷淋装置　　　　图4-10　大葱穴盘苗磁化水发生装置

发芽期应保持土壤湿润，以利于萌芽出土；前期适当控水，基质相对含水量保持在60%为宜，基质表面见干见湿，以防幼苗徒长。

尤其冬季育苗基质含水量不可过高，以免低温沤根。中期、后期可视情况适当增加基质含水量至60%~70%，保持土壤湿润，促苗快长，但不可一次性浇水过多。定植前3~5天减少浇水量，并加大育苗棚通风时间炼苗，使基质相对含水量保持在50%左右，这样做也可避免定植时基质散坨造成幼苗倒伏而影响定植质量。冬季或早春季节根据水分蒸发情况2~3天浇1次水，夏季蒸发量大时可于早晚各浇1次。阴雨天气不浇灌。

（2）**施肥管理** 苗期采用水肥喷淋装置进行补肥。出齐苗后根据长势情况追施0.1%~0.2%氮磷钾复合肥（N–P$_2$O$_5$–K$_2$O为20–20–20），前期一般5~7天补1次肥，中、后期每隔3天补1次肥。化学肥料可用井水或纯沼液稀释3~5倍溶解。中、后期随着葱苗生长量加大，可根据葱苗生长情况酌情增加肥量，并追施钙、镁、锌等中微量元素。为提高植株抗性，亦可喷施液体生物菌剂和液体硅肥各1~2次。冬季反季节育苗时，低温常导致根系活力下降引发缺素，应提前预防。

（3）**温度和光照管理** 大葱适宜生长温度为白天20~25℃，夜间10~15℃。夏季通过调控湿帘（图4–11）、前抽风机（图4–12）、内循环风机（图4–13）以及遮阳网等采取降温措施；冬季育苗可采用加温以及覆盖棉被、室内多层覆盖等保温措施。

光照管理：大葱对光照要求适中，光补偿点为1 200lx，光饱和点为25 000lx，可参照照度计管理，夏季中午通过覆盖遮阳网或向棚膜表面喷洒石灰水进行遮光。

图4–11　湿帘　　　图4–12　前抽风机　　　图4–13　内循环风机

### 6. 切叶管理

切叶管理是大葱穴盘育苗一项重要的技术措施。育苗期间在植株发生倒伏前进行切叶处理可有效防止倒伏（4–14），切叶后保留植株高度 15cm 左右，满足机械定植要求。但育苗期内切叶次数以 1~2 次为宜，不宜过频，否则易形成细弱苗。阴雨天气不宜切叶，切叶后根据情况及时喷施保护性杀菌剂预防病害。

图 4-14　大葱切叶

### 7. 病虫害防治

大葱苗期病害主要有猝倒病、细菌性软腐病、疫病、霜霉病、黄条病毒病、灰霉病、根腐病等，偶发镰孢菌腐烂病，应结合病害发生规律和环境变化采用化学药剂或生物方法提前预防。苗期虫害主要有蚜虫、蓟马、葱蝇、斑潜蝇、甜菜夜蛾等，应及时采用杀虫灯、黄板、蓝板等物理防治措施，必要时进行化学防治。

## 第二节　大葱机械化生产关键技术要点

目前大葱大田生产各环节，包括整地开沟、定植、水肥管理、植保、培土、采收等主要环节均可实现机械化，从而大大降低了劳动力投入和生产成本。本节以冬储大葱生产为例，介绍其机械化生产技术。

### 一、整地施肥

前茬收获后及时深翻晒土，杀灭病菌。结合整地普施农家肥 4 000~5 000kg/ 亩或稻壳鸡粪 3 000kg/ 亩，沟施三元复合肥（N 18-$P_2O_5$18-$K_2O$18）30~50kg/ 亩、磷酸二铵 10~15kg/ 亩和硫酸钾 10~15kg/ 亩。土壤黏重地块可进行玉米秸秆、稻（谷）壳等还田，同时配施 EM 生物菌肥。

定植日本类型大葱时垄宽 40cm，垄高 30cm，沟底宽 30cm，定植行距 70cm。章丘大葱以垄宽 50cm，垄高 40~50cm，沟底宽 40cm 为宜，定植行距 90cm。定植葱苗密度日本类型大葱为 3.1 万 ~

3.3 万株/亩，章丘大葱等长白大葱为 1.6 万~2.0 万株/亩。采用 EGC-80 型开沟机进行机械开沟，沟两侧形成高垄（图 4–15）。开沟宽度 60~90cm 可调，扶垄高度 25~30cm，垄顶面宽度可调，1 小时可完成 3~5 亩地操作。

图 4–15　机械开沟

## 二、定植

采用 VP–100B 型大葱移栽机定植（图 4–16），属于行种植型，沟间距可调，定植深度 1~4cm，设定穴盘后可行全自动定植。每个移栽机一次可放置 7 个穴盘进行作业，每穴盘育苗 660 株，定植葱苗 3 万株/亩需 60~90 分钟。

图 4–16　机械定植

定植前叶面喷施铜制剂等保护性药剂，连作重茬严重地块定植前可用噁霉灵、叶枯唑、吡虫啉等药剂带穴盘蘸根（将整盘苗的穴盘部分放在药液里浸泡至基质湿润），重茬不严重地块可用 $8 \times 10^{10}$ CFU/mL 地衣芽孢杆菌水剂或"沃益多"复合微生物菌剂蘸根以提高植株抗性和促进生长。

## 三、田间管理

### 1. 水肥管理

采用水肥一体化滴灌技术（图 4–17）。定植后 5~7 天，根据实际墒情浇 1 次缓苗水，之后中耕蹲苗。缓苗期土壤不过于干旱一般不浇水，雨后需及时排水、疏松土壤。有条件的地区可滴灌液体生物菌肥和沼液肥各 1 次，并于垄间覆盖稻草秸秆或谷壳（图 4-18）。北方地区大葱发叶期大体时间为 8 月初至 8 月下旬（立秋至白露），此期可分别于 8 月上、下旬追施水肥各 1 次，肥量分别以三元复合肥（N18-P$_2$O$_5$18-K$_2$O18）20kg/ 亩和尿素 10~15kg/ 亩、硫酸钾 15~20kg/ 亩为宜。生长盛期为 9 月初至 10 月中下旬（白露至霜降），此期为水肥管理的关键期，应分别于 9 月上旬和下旬追施肥水各 1 次，肥量为三元复合肥 30~50kg/ 亩、尿素 10~15kg/ 亩、磷酸二铵 15~20kg/ 亩和硫酸钾 10~15kg/ 亩，并可根据植株长势叶面喷施钙、镁、锌等中微量元素 1~2 次或液体硅肥 1 次。10 月水肥管理重点是浇水，应保持土壤见湿不见干，一般不再追肥。霜降之后进入葱白充实期，此期应根据实际墒情滴灌，不可缺水。

图 4-17　大葱滴灌

## 2. 培土

生产中可采用 3TG-6.5Q 型田园管理机进行机械培土（图 4-19），其轮距和开沟刀具均可调，开沟深度 15~25cm，宽度范围 12~120cm，培土高度 15~30cm，操作手把灵活，可调节高度，并可 360° 旋转，1 小时可完成操作 1~1.5 亩。

图 4-18　覆盖稻壳　　　　　图 4-19　机械培土

## 四、病虫害防治

目前安丘大葱病虫害化学防治主要采用人工喷药方式，连片面积较大种植户亦可采用无人机飞防或机械化植保机。例如，3WPZ-700型自走式喷杆喷雾机（图4-20）装配24个锥形喷嘴，有效喷幅1 500mm，喷嘴高度500~1 600mm，作业速度0~14km/小时，作业效率远高于人工。

图4-20　自走式喷杆喷雾机

但因为大葱栽培早期阶段露地面积较大，无人机或机械喷药存在大量药液浪费，易造成面源污染，且施药不能集中于病斑（虫）等缺陷，所以实际生产中飞防或机防推广应用面积仍然较少，相关技术仍需改进提升。

## 五、机械采收

根据市场情况，一般大葱假茎达到30cm以上时即可采收鲜葱供应市场。早先大葱收获机由日本引进（图4-21），一机可日采收大葱5~6亩。近年来，国产4DC系列"葱王"新型大葱收获机（图4-22）可收到较好的作业效果，一机可日采收大葱15亩左右。

图4-21　日本机械采收　　　　　图4-22　4DC "葱王"
　　　　　　　　　　　　　　　　新型大葱收获机

# 第五章 大葱保护地栽培技术

## 一、大葱保护地栽培的设施类型及茬口安排

### 1. 设施类型

大葱属喜凉蔬菜，其适宜的设施类型有阳畦、小拱棚、大拱棚和日光温室。目前应用较多的是小拱棚（图 5-1）、中拱棚（图 5-2）和大拱棚（图 5-3）。

图 5-1　塑料小拱棚　　　　图 5-2　装配式中拱棚　　　　图 5-3　塑料大棚

### 2. 茬口安排

大葱保护地栽培的常见茬口有早春茬、秋延迟和越冬茬。

## 二、大葱不同茬口的棚室栽培技术

### （一）大葱秋延迟茬棚室栽培技术

大拱棚套小拱棚秋延迟茬栽培可在大葱冬春淡季供应春节市场，经济效益良好。其茬口安排为 4—5 月播种，8 月上旬定植，10 月中下旬大棚覆膜，翌年 1—3 月采收。

### 1. 品种选择

秋延迟茬大葱应选择耐低温寡照、耐抽薹的优良品质，要求在低温下生长较快，后期在低温、高湿的棚室内具有较强抗病性，假茎组织紧实度高，葱白色泽白亮，加工品质好等。常用品种有极晚抽一本大葱、天光一本大葱、荣光大葱、元宝 208 大葱等。

### 2. 育苗

一般在 4 月下旬至 5 月上旬露地或穴盘育苗。

### 3. 定植

8 月上中旬定植。定植田可选在已建大拱棚内，也可先选地定植，后期架设拱棚。前茬收获后结合整地每亩普施充分腐熟的农家

肥 4 000~5 000 kg。南北向开沟，沟深 25 cm 左右，宽 30 cm 左右。结合开沟，每亩集中施入三元复合肥 30~50 kg。定植行距 70 cm，株距 3~5 cm，亩苗数为 2.0 万~2.5 万株。

### 4. 田间管理

（1）**温度、湿度和光照管理**　华北地区 9 月下旬气温降至 16~20℃，因此应于 10 月初大棚上膜或架设拱棚。前期（立冬之前）通过放风、闭棚保持棚内昼温 20~25℃，夜温 15℃左右。立冬之后气温下降迅速，冷空气频繁，可在大拱棚内加盖 3 m 宽小拱棚，实行双层覆盖提温。保持棚内白天气温 15~25℃，夜温 10℃左右。大雪之后气温进一步下降，应尽量保持棚内白天气温 15~25℃，夜温 8℃以上，防止春化抽薹。

大葱生长需要较高的土壤湿度和较低的空气湿度。大棚内加套小拱棚后，尤其夜晚湿度较大，易引发多种病害，因此应加强大棚和小棚的通风管理，待白天气温升至 20℃左右时及时通风降湿。通风时按照循序渐进的原则，先通小风，近中午时适当加大通风量，下午棚内气温降至 20℃左右时及时闭棚。需要注意，大葱属喜凉蔬菜，因此当棚内温度与湿度管理发生矛盾时，应以降湿防病为先。

本茬口大葱定植初期阴雨天明显减少，光照强度可以满足要求，但后期日照时间显著减少，因此在管理上应注意加强棚膜透光，后期遮盖草苫时在保证棚温的前提下，适当早揭晚盖，延长光照时间。

（2）**水肥管理**　定植后缓苗期一般在 20 天左右，此期宜蹲苗促壮，雨后及时排出积水。缓苗后浇小水 1 次。发叶期和盛长前期根据墒情浇水 1~2 次。进入盛长期后要结合培土大水勤浇，总的原则是浇足、浇透，保持土壤湿润，田间不存积水。入冬盖棚后减少浇水量，以浇小水为主或采用滴灌，以免地温下降过快。收获前 7~10 天停止浇水。

大葱缓苗后，结合浇水追施提苗肥，以尿素或磷酸二铵 10~15 kg/亩为宜。葱白生长初期，应追施攻叶肥，结合浇水冲施三元复合肥 20~30 kg/亩。葱白盛长期，需肥量加大，应追攻棵肥，可结合培土分 2~3 次施入三元复合肥 60 kg/亩、尿素 10~15 kg/亩、硫酸钾 10~15 kg/亩。后期（葱白充实期）可根据田间长势结合浇水冲施三元复合肥 10~15 kg/亩或沼液肥 200~300 kg/亩，并及时施用叶面微肥，以提高大葱抗病、抗寒能力。

（3）培土 大葱培土应逐步进行，首次培土可结合浇水或雨后中耕平沟。之后根据其长势一般每半月培土1次，一共4次。应注意保持假茎直立，使葱白长度保持30cm左右。

### 5. 病虫害防治

秋延迟大葱盖棚前易发生病虫害主要有紫斑病、霜霉病以及蓟马、甜菜夜蛾等。扣棚后随环境湿度增加，病害发生较多，主要有紫斑病、黑斑病、灰霉病、疫病以及蓟马等，因此应注意加强预防，综合防治。

### （二）大葱越冬茬棚室栽培技术

大葱越冬茬棚室栽培根据定植时间或扣棚时间早晚，茬口安排一般可分两种。一种是大葱全生育期均在棚内，设施为大拱棚套小拱棚，且棚外覆草苫。播种育苗时间为10月下旬，定植时间为1月中下旬，收获时间5月上中旬。另一种是秋播育苗（9月），冬前（11月初）定植，2月上旬至下旬扣棚，收获时间5月中旬至6月上旬，设施为大拱棚或小拱棚（图5-4）。

图5-4　大葱大拱棚栽培

### 1. 品种选择

越冬茬棚室栽培良种选择的关键是防止大葱春季先期抽薹，失去商品利用价值。因此，应选用耐抽薹或晚抽薹的品种为宜，如锦尚一本、晚抽一本太等。生产实践表明锦藏、夏黑、白树等品种不适宜越冬茬保护地栽培。

关于越冬茬大葱翌年春抽薹的问题，除选用晚抽品种外，目前生产上还有以下解决办法。首先，在现有拱棚育苗和生产设施下，满足葱苗通过春化的温度条件，可以根据定植时间尽可能晚播，采用小苗定植（苗龄小于3叶），可预防春天抽薹。其次，翌年春季发生抽薹现象，可在田间掐去花薹，残留花茎腐烂后，基部短缩茎可重新生发新葱植株，生长速度较快，可于7—8月大葱市场淡季上市，老百姓称为"收傍葱"或者在4月抽薹之前收获青葱。

### 2. 育苗

（1）**育苗时间** 10月下旬保护地育苗。本茬口大葱播种时间不宜过早，尤其苗龄超过4叶1心，通过低温春化后，生育期内易抽薹开花；过晚，则苗龄过小，不宜适期定植。

（2）**苗床管理** 播种后及时架设小拱棚或直接播种于大拱棚，棚膜外覆草苫保温防寒，促早出苗。出苗后的苗床管理主要进行温度、湿度和光照调控，创造幼苗生长的适宜环境。主要措施为：根据天气变化及时揭盖草苫，使棚温尽量控制在昼温15~25℃，夜温8℃以上，最冷时白天温度不宜低于10℃。在保证温度条件下，冬天草苫尽量早揭晚盖，增加透光时间。湿度大时中午通小风降湿。此期除非苗床干旱，一般不浇水施肥，苗床缺水时，可浇小水。葱苗2叶1心时即可定植。

### 3. 定植

翌年1月中下旬定植。本茬口定植时间不宜过早或过晚。过早，则低温、高湿环境下葱苗发根慢，易沤根死亡；过晚，则春季生长时间减少，造成减产。定植前10~15天扣棚提升棚内地温，定植后在大拱棚内架设3m宽小拱棚，并外覆草苫保温，即两膜1苫。定植株距3cm，行距90cm左右，亩苗数2.1万~2.5万株。

---

※提示：大葱出苗后，在湿度较大的环境下易发生猝倒病，应在葱苗直钩前喷施72.2%霜霉威盐酸盐水剂2 000~3 000倍液1~3次，防效较好。

---

### 4. 田间管理

（1）**温度、湿度和光照管理** 本茬大葱生长期恰处一年中最为严寒的季节，因此早期管理应以棚室增温保温、增加光照和适度降湿为管理重点。定植后及时架设小拱棚，夜间覆盖草苫。保持棚内气温尽量减少低于8℃的天数。尤其假茎直径0.5cm以上，4叶1心时更应加强温度管理，严防大葱低温春化，导致先期抽薹。棚内湿度过大时，可在晴天中午适当放小风。至 3 月上中旬，随气温回升，大葱进入假茎盛长初期，应结合施肥培土撤去小拱棚，并加强大拱棚通风散湿，将温度控制为白天 20~25℃，夜间 10~18℃为宜。

（2）**水肥管理** 本茬大葱前期处低温阶段，因此应尽量减少浇水。一般定植后浇小水 1 次，发根后进入葱白盛长初期浇小水 1 次。进入盛长期后结合培土要大水勤浇，浇足、浇透，中后期气温回升后结合培土施肥每 6~7 天浇大水 1 次，直至收获。施肥则应结合浇水、培土等农事操作追施提苗肥、攻叶肥、攻棵肥等。

（3）**培土** 整个生育期一般培土 3~4 次。到 5 月中上旬，假茎长 35cm，茎粗 1.8cm 时即可收获上市。

（4）**病虫害防治** 该茬易发病虫害主要有紫斑病、霜霉病以及蓟马等，应注意综合防治。

此外，大葱越冬茬保护地栽培可以根据棚室前后茬口以及大葱收获产品的不同灵活处理，比如冬前定植（11 月初），春后扣膜（2 月上旬），采收青葱（5—6 月）茬口、秋季播种（9 月上中旬），春后扣膜（2 月上旬），苗床（3 月上中旬）采收小青葱茬口等。限于篇幅不再详细介绍。

### （三）大葱早春茬保护地栽培技术

#### 1. 育苗时间

1 月中下旬保护地内播种育苗，2 月中下旬至 3 月上旬定植，5—6 月采收青葱上市。

#### 2. 苗期管理

有条件的地区可采用温室套小拱棚育苗，必要时可采用远红外电热膜加温技术，促苗早发。一般情况下，铺设远红外电热膜比不铺设处理早出苗 7~10 天。幼苗出土前保持棚内昼温 15~20℃，夜温 15℃左右。出苗后保持棚内昼温 15~20℃，夜温 10℃左右。定植前 1 周通风炼苗，保持昼温 10~20℃，夜温 8℃以上。

#### 3. 定植

定植于大拱棚或小拱棚中，可进行密植栽培，行距 15cm，株距 3~4cm，亩苗数 5.3 万株左右。

#### 4. 田间管理

根据葱苗长势，合理进行水肥和环境管理，具体参考越冬茬。

# 第六章 大葱病虫草害诊断与防治技术

## 第一节 大葱侵染性病害诊断与防治技术

### 1. 葱立枯病

【病原】立枯丝核菌，属半知菌亚门真菌。

【症状】葱发芽后半个月内，如土壤湿度过大或田间积水严重常诱发此病害发生。幼苗从茎基部接近地面处感病，呈枯白色或暗褐色，软化腐烂，凹陷缢缩，边缘明显。绕茎一周后，茎部萎缩干枯，幼叶短期内仍呈绿色，最后植株倒伏枯死。环境湿度大时，病部及近地面处出现褐色蛛网状菌丝。葱苗期如浇水过多，又遇低温或阴雨天气发病较重，造成葱苗大量死亡（图6-1）。

图6-1　葱立枯病症状

【发生规律】病菌以菌丝体或菌核在土壤中或病残体中越冬或越夏，一般在土壤中可存活2~3年。条件适宜时，病菌从伤口或由表皮直接侵入幼茎基部引发病害。病菌随雨水、灌溉水、农具及带菌堆肥传播蔓延。病菌适宜温度范围较宽，最低温度为13~15℃，最高温度为40~42℃，发育适温为24℃。阴雨多湿，土壤黏重，重茬种植，播种密度过大以及高温均易诱发此病。

【防治方法】

（1）**农业措施**　苗床应地势较高，排水良好，雨后及时清除田间积水。苗期保持适宜土壤干湿度。

（2）**种子处理**　每千克种子与0.5~1g 95%噁霉灵和4g 80%多·福·福锌可湿性粉剂拌种。

（3）**药剂防治**　发病前可采用下列药剂预防：70%噁霉灵可湿性粉剂800~1 000倍液或20%氟酰胺600~1 000倍液，兑水喷淋苗床，每隔7~1

天 1 次。发病初期，可采用下列药剂防治：72.2% 霜霉威盐酸盐水剂 600 倍液、69% 安克·锰锌可湿性粉剂 800 倍液、20% 甲基立枯磷乳油 800~1 000 倍液 +75% 百菌清可湿性粉剂 600 倍液、15% 噁霉灵水剂 500~700 倍液 +25% 咪酰胺乳油 800~1 000 倍液等。兑水浇灌茎基部，视病情 5~7 天防治 1 次。

## 2. 大葱根腐病

【病原】洋葱棘壳孢红根腐菌、腐皮镰孢菌和疫霉菌等多种病菌均可引发，分别属于子囊菌亚门真菌、半知菌亚门真菌和鞭毛菌亚门真菌。

【症状】棘壳孢红根腐菌侵染根部，大葱部分须根变为粉红色，染病根逐渐变褐腐烂，新根亦不断发病。腐皮镰孢菌和疫霉菌侵染根系，初呈水浸状，后

图 6-2　根腐病症状

变褐腐烂（6-2）。地上部植株外观表现为生长不良或缺素症状。

【发生规律】大葱根腐病是一种由腐霉、镰刀菌、疫霉等多种病原侵染引起真菌性病害。病菌在土壤中或病残体上越冬，成为翌年主要初侵染源，病菌从根茎部或根部伤口侵入，通过雨水或灌溉水进行传播和蔓延。所以，地势低洼、排水不良、田间积水、连作及棚内滴水漏水、植株根部受伤的田块发病严重。育苗地土壤黏性大、易板结、通气不良致使根系生长发育受阻的地块，也易发病。

【防治方法】

（1）**农业措施**　有条件的地区可与非百合科作物实行 3 年以上轮作。防止大水漫灌及雨后田间积水。苗期及时松土，增强土壤透气性。

（2）**药剂防治**　发病较轻地块可结合整地施用"沃益多"生物菌、枯草芽孢杆菌等抗重茬剂。发病前至发病初期推荐下列药剂防治：80% 代森锰锌可湿性粉剂 600 倍液、50% 福美双可湿性粉剂 600~800 倍液、50% 多菌灵可湿性粉剂 500 倍液、70% 噁霉灵可湿性粉剂 2 000 倍液、2.5% 咯菌腈悬浮剂 1 000 倍液、3% 噁霉·甲霜水剂 600~800 倍液、45% 噻菌灵悬浮剂 100 倍液、50% 甲基硫菌灵可湿性粉剂 500 倍液、50% 苯菌灵可湿性粉剂 500~1 000 倍液、5%

丙烯酸·噁霉·甲霜水剂 800~1 000 倍液、84.51% 霜霉威·乙磷酸盐水剂 800~1 000 倍液、69% 烯酰吗啉可湿性粉剂 600~800 倍液、687.5g/L 氟哌菌胺·霜霉威悬浮剂 800~1 200 倍液等。兑水灌根，每株 250mL，视病情 5~7 天防治 1 次。

### 3. 紫斑病

【病原】葱链格孢菌，属半知菌亚门真菌。

【症状】发病初期，叶片、花茎或叶鞘上初生灰色或淡褐色小病斑，中央微紫色。病斑很快扩大为椭圆或纺锤形大病斑，凹陷，暗紫色，常形成同心轮纹，后期环境湿度较大时产生深褐色霉状物（图 6-3）。病害严重时，病斑会合成片，叶片或花茎枯黄或从病部倒折。

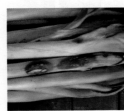

图 6-3　葱紫斑病叶鞘、叶片、花茎和假茎紫斑病发病症状

【发生规律】冬季寒冷地区紫斑病菌在病株上越冬或以菌丝体随病残体在土壤中越冬，翌年条件适宜时越冬病菌产生的分生孢子借气流和雨水传播，经气孔、伤口或直接穿透叶表皮而侵入，葱生长中后期发病较重。冬季较温暖地区病菌分生孢子可在田间葱类作物上持续发生。发病最适温度为 25~27℃，12℃以下不利于病害发生和流行，病菌产孢需要高湿环境，孢子萌发和侵入需叶面有水滴或水膜以及足够的湿润时间，因此在高温多雨季节和阴湿多雨地区或年份往往易发生流行。此外，常年连作，沙性土壤，生育后期脱肥，植株长势弱和葱蓟马为害严重地块发病严重。

【防治方法】

（1）**农业措施**　选用抗病或耐病品种。重茬病重地区与非葱蒜类作物轮作 2 年以上。种植地块应平坦肥沃，雨后及时排出田间积水。加强田间管理，施足基肥，适时氮磷钾平衡追肥，防止后期脱肥。收获后及时清园并深耕。

（2）**种子处理**　必要时可用种子重量 0.3% 的 50% 异菌脲可湿性粉剂拌种。

（3）**药剂防治**　发病前至发病初期以预防为主，可用下列杀菌剂进行防治：60% 琥铜·锌·乙铝可湿性粉剂 600~800 倍液 +75% 百菌清可湿性粉剂 600~800 倍液、70% 丙森锌可湿性粉剂 600~800 倍液、50% 克菌丹可湿性粉剂 400~600 倍液等。发病普遍时，可采用下列药剂防治：58% 甲霜灵·锰锌可湿性粉剂 800 倍液、50% 异菌脲悬浮剂 1 000~2 000 倍液、50% 腐霉利可湿性粉剂 1 000~1 500 倍液 +70% 代森联干悬浮剂 600 倍液等。兑水均匀喷雾，视病情间隔 5~7 天喷 1 次，连续喷施 2~3 次。葱叶面覆有蜡质，因此喷药时应在药液内添加有机硅等展着剂。紫斑病发病严重时病斑较大，喷雾效果不佳时应用小毛刷蘸药液在患部集中涂刷，防效较好。

#### 4. 霜霉病

【病原】葱霜霉菌，属鞭毛菌亚门真菌。

【症状】主要为害叶片和花茎。大葱被病原菌侵染后，叶片略微扭曲畸形，叶（花茎）面产生卵圆形、椭圆形白色或淡黄色病斑，大小不一，边缘不明显，潮湿时表面着生绒毛状霉层，干燥时变为枯斑。叶片尖端部分发病，变白枯死。叶片中部发病，则叶片上方下垂干枯（图 6-4）。后期病部可能产生腐生性真菌，出现黑霉。

图 6-4　大葱霜霉病叶片（左图）和整株发病（右图）症状

【发生规律】病菌卵孢子随田间病残体或在假茎上越冬，翌年条件适宜时孢子囊随风雨和昆虫等传播，接触叶片后在叶面水滴中萌芽，由气孔侵入，形成局部侵染，成株至采收期发病较重。气温 15℃左右，降水较多时极易发病，属低温、高湿型病害。华北地区 4

月中旬至 5 月上旬以及 9 — 10 月，东北地区 5 — 10 月出现持续阴雨或阴湿天气时霜霉病可能大流行。一般情况下，地势低洼、排水不良地块、连作地块、密植、土壤黏重以及早春、秋季雨水较多时发病重。

【防治方法】

（1）**农业措施** 选用抗病或耐病品种。一般而言，假茎紫红色、叶管细、蜡粉厚的品种发病轻。忌与葱蒜类作物连作，尽量实行 2~3 年轮作。选择地势平坦，易于排水的地块育苗和定植。合理密植，加强肥水管理。雨后注意排水，土壤湿度大时中耕散墒。收获后及时清理田间病残体，并在田外集中销毁。

（2）**药剂防治** 发病初期用以下药剂防治：72.2% 霜霉威盐酸盐水剂 800 倍液、58% 甲霜灵·锰锌可湿性粉剂 500~700 倍液、25% 甲霜灵可湿性粉剂 800 倍液、64% 噁霜·锰锌可湿性粉剂 500 倍液、72% 霜脲·锰锌可湿性粉剂 800 倍液、687.5g/L 霜霉威盐酸盐·氟吡菌胺悬浮剂 800~1 200 倍液、50% 烯酰吗啉可湿性粉剂 1 000~1 500 倍液 +75% 百菌清可湿性粉剂 600~800 倍液等。兑水喷雾，视病情 5~7 天防治 1 次，连喷 2~3 次。

### 5. 疫病

【病原】烟草疫霉菌，属鞭毛菌亚门真菌。

【症状】主要为害叶片和花茎。染病初期患部出现青白色不明显斑点，扩大后连片成为灰白色斑，致叶片从上而下枯萎，田间出现大片"干尖"（图 6-5）。阴雨连绵或环境湿度大时病部长出白色绵毛状霉菌；天气干燥时则白霉消失，剖检长锥形叶片内壁，可见白色菌丝体，此特征区别于葱的生理性干尖。

图 6-5　大葱疫病叶片和整株发病症状

【发生规律】病菌以卵孢子、后垣孢子或菌丝体在田间病残体内越冬，翌年条件适宜时产生孢子囊及游动孢子，借风雨、灌溉水传播，孢子萌发后产生芽管，穿透寄主表皮直接侵入，后病部又产生孢子囊进行再侵染，为害加重。高温、高湿环境是此病诱因，适宜发病温度为 12~36℃，最适温度 30℃，最低 8℃。田间气温 25~30℃，相对湿度高于 85%，病害发展迅速，成株期至采收期发病较重。阴雨连绵，田间积水，密植，土壤黏重，偏施氮肥，植株长势弱等均会加重病害发生。

【防治方法】

（1）**农业措施** 尽量避免与葱蒜类作物连作。选择不易积水地块育苗和定植，合理密植，雨后及时排出积水，平衡施肥，收获后及时清除田间病残体。

（2）**药剂防治** 发病初期可用以下药剂防治：57% 烯酰吗啉·丙森锌水分散粒剂 2000~3000 倍液、72% 霜脲·锰锌可湿性粉剂 600~800 倍液、76% 霜·代·乙磷铝可湿性粉剂 800~1 000 倍液等。发病普遍时用下列药剂进行防治：72.2% 霜霉威盐酸盐水剂 800~1 000 倍液 +75% 百菌清可湿性粉剂 600~800 倍液、69% 锰锌·烯酰可湿性粉剂 1 000~1 500 倍液、687.5g/L 霜霉威盐酸盐·氟吡菌胺悬浮剂 800~1 200 倍液等。兑水均匀喷雾，视病情 7~10 天喷 1 次，连续防治 2~3 次。

> ※提示：葱疫病与霜霉病均可引发葱"干尖"，二者的区别是疫病病部会产生白色霉层，撕开叶片可见内壁有白色菌丝体，应注意鉴别防治。

### 6. 锈病

【病原】葱柄锈菌，属担子菌亚门真菌。

【症状】主要侵染叶片、叶鞘和花茎。病部最初出现椭圆形褪绿斑点，并由病斑中部表皮下生出圆形稍隆起的黄褐色或红褐色疱斑，称为夏孢子堆（图 6-6）。疱斑破裂翻起后散出圆形、近圆形橙黄色粉末状夏孢子（图 6-7），孢子密度大时可汇合成片，叶片提前枯死。

  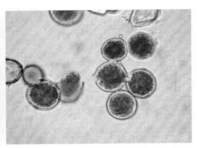

图 6-6　大葱锈病叶片发病初期　　　　图 6-7　锈孢子显微照片
（左图）和后期（右图）症状

【发生规律】该病主要在葱生育后期发生，温暖地区可周年发生，冬季寒冷地区以菌丝和夏孢子在植株或田间病残体上越冬。春季气温回升，病菌随风雨传播，发病区域呈点片状分布。黄河中下游地区一般3至4月上旬开始发病，4月中旬后随气温回升和湿度适宜，病情逐渐加重至全田普发，进入主要为害期。夏季高温，以菌丝体在植株上越夏，秋季可再度侵染和流行。密植、地势低洼、田间积水均利于锈病发生。

【防治方法】

（1）**农业措施**　葱品种间对锈病抗性存在差异，生产上应选用抗病品种，并实行合理轮作。加强水肥管理，及时排出田间积水，发病严重地块适时早收。

（2）**药剂防治**　有效药剂有65%代森锰锌可湿性粉剂400~500倍液、25%三唑酮可湿性粉剂2 000~3 000倍液、50%萎锈灵乳油800~1 000倍液、10%苯醚甲环唑水分散粒剂8 000倍液等。兑水喷雾，视病情5~7天防治1次，连喷2~3次。

> ※提示：应用三唑酮等三唑类杀菌剂时应严格按照说明书浓度施用，以免浓度过大造成药害，导致植株生长缓慢、叶片深绿、生长停滞等。

### 7. 灰霉病

【病原】葱鳞葡萄孢菌，属半知菌亚门真菌。

【症状】主要为害叶片，常见症状有3种类型：白点型、干尖型和湿腐型。其中白点型最为常见，受害叶片初生白色至浅褐色小斑点，病斑逐渐扩大融合成梭形至长椭圆形大斑，环境潮湿时病斑上生有灰褐色绒毛状霉层。后期病斑连接成片致使半叶枯死，枯斑表面密生灰霉，有时生出黑色颗粒状菌核。干尖型症状主要是叶尖干枯，病部也生有灰色霉层（图6-8至图6-10）。

图6-8　灰霉病白点型　　图6-9　灰霉病干尖型　　图6-10　灰霉病湿腐型

【发生规律】以菌丝体、分生孢子和菌核在田间病残体上和土壤中越冬或越夏。翌年条件适宜时，菌核萌发产生菌丝体，菌丝体产生分生孢子，分生孢子随气流、雨水、灌溉水传播，病菌由气孔、伤口或直接穿透表皮侵入叶片，引发病害，带菌种子也可传播。成株发病较重，易遭多次重复侵染。低温、高湿环境有利于该病发生，发病适温为18~23℃，但0~10℃低温下病原菌仍然活跃。在适温下，降水较多和湿度较大是导致灰霉病流行的关键因素，葱秋苗和春苗均可被侵染。连作地块、排水不良、土壤黏重、种植过密、偏施氮肥等均易加重病害。

【防治方法】

（1）**农业措施**　病地实行合理轮作，选择土壤疏松、透气性好的地块进行栽培。平衡施肥，雨后及时排水。加强田间管理，如合理密植、清除田间病残体等。

（2）**药剂防治**　发病初期用以下药剂防治：40%甲基嘧菌胺悬浮剂800~1 200倍液、50%腐霉利可湿性粉剂1 000~1 500倍液、30%异菌脲·环己锌乳油900~1200倍液、40%嘧霉胺悬浮剂1 000~1 500倍液、40%嘧霉·百菌可湿性粉剂800~1 000倍液、30%福·嘧霉可湿性粉剂1000倍液、50%甲基硫菌灵可湿性粉剂500倍液等。兑水喷雾，视病情5~7天防治1次。

### 8. 黑斑病

【病原】总状匍柄霉菌，属半知菌亚门真菌。

【症状】葱黑斑病又称叶枯病，主要为害叶片和花茎。发病初期叶片或花茎褪绿出现黄白色长圆形病斑，后迅速向上、下扩展，呈黑褐色梭形或椭圆形，边缘有黄色晕圈，病斑上略显轮纹，后期病斑上密生黑色霉层（图6-11）。该病常与紫斑病混合发生，发病严重时叶片变黄枯死或花茎折断，采种株易发病。

【发生规律】病菌以子囊座随病残体在土壤中越冬，以子囊孢子进行初侵染，分生孢子进行再侵染。孢子萌发后产生侵染菌丝，经气孔、伤口或直接穿透表皮侵入叶片，随气流和雨水传播。发病适温为23~28℃，低于12℃或高于36℃均不利于该病发生流行。环境相对湿度85%以上有利于病菌产孢，孢子萌发和侵入均需叶表面水膜存在。该菌属弱寄生菌，温暖湿润条件下葱生育后期发病较重。常年连作、土壤黏重、阴雨高湿、施用未腐熟有机肥等均有利于该病发生。

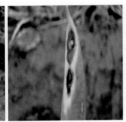

图6-11　葱黑斑病叶片发病症状

【防治方法】

（1）**农业措施**　重病田与非百合科作物轮作2年以上。加强田间管理，氮磷钾平衡施肥，雨后排出田间积水，高温时段忌大水漫灌。摘除病叶、拔除病株以及清除田间病残体等。

（2）**药剂防治**　发病初期用以下药剂防治：50%异菌脲可湿性粉剂1 000~1 500倍液、50%腐霉利可湿性粉剂1 000~1 500倍液、58%甲霜灵·锰锌可湿性粉剂800倍液、25%溴菌腈可湿性粉剂500~1 000倍液、70%代森锰锌可湿性粉剂800倍液、20%唑菌胺酯水分散粒剂1 000~1 500倍液、25%咪酰胺乳油800~1 000倍液等。兑水喷雾，视病情5~7天防治1次。

### 9. 小粒菌核病

【病原】核盘菌，属子囊菌亚门真菌。

【症状】主要为害葱假茎。发病初期病部呈水渍状，叶鞘溃疡腐烂，呈灰白色或腐烂褐变，有臭味。环境湿度大时病部滋生白色霉层，后期假茎病部形成不规则的褐色菌核（图6-12）。假茎叶鞘变腐后，叶片从先端变黄，逐渐向基部发展，最后部分或全部叶片黄化枯死。

图 6-12 葱菌核病发病症状

【发生规律】病原菌以菌核随病残体在土壤中越冬或越夏，借气流传播，带菌种子、土杂肥或病、健株接触也可传病。春秋季伴随降雨或高湿环境，土中菌核产生子囊盘，并放射出子囊孢子侵入假茎形成菌丝体，在其代谢过程中产生果胶酶，致病茎腐烂。菌丝体向周边扩展蔓延形成菌核，菌核可迅即萌发，也可长时间休眠。该病属低温高湿型病害，发病适温为15~20℃，要求环境相对湿度85%以上。每年2月下旬至3月上旬气温回升至6℃以上时土壤中菌核陆续产生子囊盘，4月上旬气温上升至13~14℃时，形成第一个侵染高峰。南方2—4月及11—12月适合发病，北方3—5月及9—10月发生较多。常年连作地块，土壤黏重，地势低洼，排水不良，春秋季阴雨天气较多，偏施氮肥等因素均可加重病害。

【防治方法】

（1）**农业措施** 重病地块与非葱属作物轮作2年以上。加强田间管理，氮磷钾平衡施肥，施用农家肥要充分腐熟，强酸性土壤应撒施石灰改土。雨后排出田间积水，收获后深翻土壤等。

（2）**种子处理** 用50%腐霉利可湿性粉剂或70%甲基硫菌灵可湿性粉剂按照种子重量的0.3%兑水，适量均匀喷雾，覆盖闷种5小时，晾干后播种。或种子用50℃温汤浸种10min也可杀死菌核。

（3）**药剂防治** 发病初期用以下药剂防治：50%乙烯菌核利可湿性粉剂600~800倍液、40%菌核净可湿性粉剂1 000倍液、50%腐霉利可湿性粉剂1 000倍液、50%异菌脲可湿性粉剂1 000倍液、65%甲硫·乙霉威可湿性粉剂1 500倍液、45%噻菌灵悬浮剂600~800倍液、50%多·菌核可湿性粉剂600~800倍液等。兑水喷淋假茎基部，视病情7~10天防治1次。

### 10. 白腐病

【病原】白腐小核菌，属半知菌亚门真菌。

【症状】主要为害叶片和假茎。染病叶片由叶尖向下逐渐枯黄并扩展至全叶，叶鞘也变黄枯死（图6-13）。假茎发病，病部表皮现水浸状病斑，组织变软，之后呈干腐状，微凹陷。发病初期假茎组织内生灰白色霉层，

图6-13　葱白腐病叶片症状

后变为灰黑色，并产生黑色小菌核。

【发生规律】病原菌以菌核在土壤中越冬，借雨水、灌溉水、带菌土杂肥或随病残体传播。该病属低温高湿性病害，菌核在6℃以上时萌发，发病适温为10~20℃。一般春末夏初发病较快，夏季高温季节病情发展缓慢。连作、地势低洼、田间积水以及脱肥地块发病较重。

【防治方法】

（1）**农业措施**　病重地块与非葱属作物轮作2~3年。加强水肥管理，及时拔除病株，并进行土壤消毒。

（2）**药剂防治**　发病初期用以下药剂防治：50%异菌脲可湿性粉剂1 000~1 500倍液、50%腐霉利可湿性粉剂1 000~1 500倍液、50%甲基硫菌灵可湿性粉剂600倍液、50%多·福·乙可湿性粉剂800~1 000倍液、2%丙烷脒水剂1 000~1 500倍液、65%甲硫·乙霉威可湿性粉剂1 500倍液、20%甲基立枯磷乳油800~1 000倍液、25%啶菌噁唑乳油1 000~2 000倍液。兑水喷淋假茎基部，视病情7~10天防治1次，采收前3天应停止用药。

### 11. 球腔菌叶斑病

【病原】葱球腔菌，属子囊菌亚门真菌。

【症状】主要为害葱叶片。叶片感病后产生梭形或椭圆形小病斑，中央呈灰褐色，边缘黄褐色。病原菌的子囊壳呈黑色，聚生于病斑上。病斑小而多，发生严重时相互交汇，导致叶片枯黄（图6-14）。

【发生规律】病原菌随病残体越冬，天气湿凉适于该病发生，葱

生育后期遇连绵阴雨，则病情明显加重。连作地块、管理粗放、植株长势弱时发病重。

【防治方法】加强田间管理，及时摘除病叶或病残体。该病的药剂防治可参考紫斑病防治方法或在防治紫斑病时予以兼治。

### 12. 腐烂病

【病原】层出镰孢菌、尖孢镰孢菌和燕麦镰孢菌，属于半知菌亚门真菌。

【症状】大葱储藏期间易发病，主要侵染叶片和假茎。发病初期病斑呈水渍状，边缘灰色或浅褐色，叶片逐渐皱缩腐烂，假茎局部开始干枯凹陷、直至腐烂（图6–15）；发病后期，整株大葱呈干缩状腐烂，病部布满灰白色霉层。病菌多属于真菌毒素的产生菌，食用其分泌毒素可对人身健康造成危害。

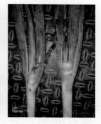

图6–14　球腔菌叶斑病叶片症状　　　　图6–15　大葱镰孢菌腐烂病发病症状

【发生规律】镰孢菌在大葱贮藏期多侵染假茎部位，伤口是其主要的侵染途径，导致大葱腐烂。大葱储藏期间遇高温、高湿环境常引发多种镰孢菌群复合侵染，腐烂病情加重。

【防治方法】

（1）**农业措施**　选用抗病品种；低温环境储藏，发病严重地区可在大葱入库前采用药剂熏蒸处理。

（2）**化学防治**　发病前期喷施720g／L百菌清悬浮剂1 000倍液、250g／L嘧菌酯悬浮剂1 500倍液、50％醚菌酯水分散粒剂2 000倍液和25％吡唑醚菌酯微乳剂3 000倍液、60％苯醚甲环唑水分散粒剂3 000倍液、40％己唑醇悬浮剂2 000倍液、50％咯菌腈可湿性粉剂800~1 000倍液。

### 13. 软腐病

【病原】胡萝卜欧式杆菌胡萝卜致病变种，属薄壁菌门细菌。

【症状】一般从假茎基部根蛆等造成的伤口处开始侵染，病部呈水浸状腐烂，半透明，有的病株腐烂假茎呈橙红色，有恶臭，可观察到污白色细菌溢脓（图6–16）。同时，叶片扭曲，植株倒伏（图6–17）。

图6–16　葱软腐病假茎发病症状　　图6–17　葱软腐病地上部发病倒伏

【发生规律】病菌在假茎、病残体和土壤中越冬，通过雨水、灌溉水、土壤等途径传播，由伤口侵入，反复侵染。常年连作、田间积水、高温多雨、地下虫害严重均会加重病情。

【防治方法】

（1）**农业措施**　避免连作重茬，雨后排出田间积水，注意防治葱种蝇等地下害虫。及时拔除病株并在窝内撒石灰消毒，收获后植株充分晾晒，通风储存。

（2）**药剂防治**　发病初期，可采用下列药剂防治：46.1%氢氧化铜水分散颗粒剂1 500倍液、27.13%碱式硫酸铜悬浮剂800倍液、50%琥胶肥酸铜可湿性粉剂500倍液、20%噻菌铜悬浮剂1 000~1 500倍液、14%络氨铜水剂300倍液、47%氢氧化铜可湿性粉剂700倍液、86.2%氧化亚铜水分散颗粒剂1 000~1 500倍液、47%加瑞农（加收米与碱性氯化铜复配）可湿性粉剂800倍液、60%琥铜·乙膦铝可湿性粉剂、72%农用链霉素可湿性粉剂2 000~4 000倍液、88%水合霉素可湿性粉剂1 500~2 000倍液、90%新植霉素（土霉素与链霉素复配）可湿性粉剂2 000~4 000倍液、88%中生菌素可湿性粉剂1 000~1 200倍液等。采用药剂灌根或基部喷施，但软腐病发病后期防治效果较差，一般以预防为主。

### 14. 大葱病毒病

【病原】洋葱黄矮病毒、大蒜花叶病毒和大蒜潜隐病毒。

【症状】叶片出现长短不一黄色条斑、条纹或淡黄色花叶斑驳，发病严重时布满叶面，植株生长受抑或停止生长，叶片皱缩扭曲，植株黄化矮缩（图6-18）。

图6-18　大葱病毒病

【发生规律】病毒附着于葱假茎或病残体在田间越冬。传毒介体昆虫为蚜虫，附近有葱蒜类毒源作物，高温、干旱天气以及有翅蚜迁飞时发病早而重，蚜虫、蓟马等为害严重时病情加重。

【防治方法】

（1）**农业措施**　春季育苗适当早播，苗圃应远离葱蒜类作物采种田或种植地块。精选葱秧，及时拔除田间病株。整个生育期内注意喷施杀虫剂防治蚜虫和蓟马为害。

（2）**药剂防治**　5%菌毒清水剂500倍液、4%嘧肽霉素水剂300倍液、20%盐酸吗啉胍·乙酸铜可湿性粉剂500~700倍液、2%宁南霉素水剂500~700倍液等。兑水喷雾，视病情5~7天喷1次，连续防治2~3次。

### 15. 菟丝子

菟丝子属于营寄生生活的一年生草本植物，除自身为害外，还可传播类菌原体和病毒等，引发多种植物病害，因此本节将其列为病害。

【症状】大葱叶片及假茎被菟丝子缠绕后产生缢痕，其吸器深入茎叶组织，吸收水分和营养，葱叶生育不良直至变黄凋萎（图6-19）。

图6-19　大葱菟丝子

【病原】中国菟丝子。

【传播规律】种子混杂于寄主种子，并可随有机肥在土壤中越冬。

种子外壳坚硬，1~3年方可发芽。在田间沿畦梗地边蔓延，遇合适寄主即可缠绕寄生为害。

【防治方法】严格检疫，防止种子混入；深翻土地，抑制菟丝子种子萌发；人工摘除并将其藤蔓带出销毁；有机肥充分发酵，使其种子失去发芽力或沤烂；生物防治：雨后或傍晚及阴天叶面喷施鲁包1号生物制剂（CFU3 000万/mL）2~2.5L/亩。每7天一次，连续防治2~3次。

## 第二节 大葱生理性病害诊断与防治技术

### 1. 大葱干尖

大葱干尖可分为病理性干尖、生理性干尖和虫害引发干尖。

【症状】病理性干尖可分为"青干"（详见霜霉病发病症状）和"白干"（详见疫病发病症状）。其他外叶、心叶细弱、不伸展、黄化干尖或叶身、叶尖变白则由生理因素引发（图6-20）。

大葱干旱干尖　　　　　　疫病干尖　　　　　　大葱药害干尖

图6-20　大葱干尖症状

【病因】灰霉病、霜霉病可引发叶尖"青干"，疫病引发叶尖"白干"。土壤理化性质恶化、干旱板结，透气不良、土壤酸化和盐渍化、环境高温或低温（超过35℃高温可引起叶尖干枯或低于7℃叶尖遭受低温冷害，叶尖变白，进而干枯）、钙镁缺素以及施用氮肥硫酸铵、氯化铵等可引发氨气、亚硝酸气体等有毒气体危害等因素均可导致叶片干尖。此外，杀虫剂、杀菌剂浓度过大或高温环境用药以及除草剂喷溅均可造成叶尖叶身变白。葱蝇幼虫可蛀入根部，引发根部腐烂和叶片干尖。蓟马以唑吸式口器吸食叶片汁液，在葱叶上形成细密白斑点，严重时叶片斑点连片，干尖下垂。

【防治方法】防治病理性干尖可参照灰霉病、霜霉病、疫病防治方法，作为一般性预防措施可每隔 10 天左右叶片喷施 72.2% 霜霉威盐酸盐水剂 600 倍液 +46.1% 氢氧化铜水分散粒剂 1500 倍液，效果较好。保护地栽培时，灰霉病亦可用 20% 乙烯菌核利烟剂 200g/ 亩、15% 腐霉利烟剂 200~250g/ 亩；霜霉病发病前或发病初期 20% 百菌清烟剂 250g/ 亩、15% 霜脲孟锌烟剂 250g/ 亩，傍晚进行熏烟处理，7 天一次，连熏 2~3 次。或用 5% 腐霉利弥雾剂 1 000g/ 亩，5% 百菌清弥雾剂 1 500~2 000g/ 亩，于早晚进行防治。

防治生理性干尖可增施腐熟有机肥或玉米、水稻秸秆或谷壳还田配施 EM 生物菌。加强水肥管理，苗期适度控水，不干不浇，15~20 天浇一次小水。营养期结合施肥培土及时浇水，保证水分供应，保持土壤湿润，收获前 15~20 天控水，见干见湿。穴盘育苗或保护地注意增施氮、磷、钾、钙、镁等大中量元素，必要时可叶片喷施 0.2% 磷酸二氢钾、硝酸钙、硫酸镁等 1~2 次。保护地栽培大葱尽量保持环境温度 7~35℃，防止出现过高或过低温度。保护地常年连作酸化严重地块，可根据酸化情况结合整地普施石灰 100~150kg/ 亩。发生药害植株可叶面喷施 0.05% 核苷酸水剂、芸薹素内酯或天达 2 116，7 天一次，连喷 2~3 次。

## 2. 缺素

【症状】缺氮植株细弱、叶片较小，呈黄绿色或黄色（图 6-21）；缺磷植株根系发育不良，老叶叶鞘呈现紫色（图 6-22）；缺钾老叶叶尖易发黄（图 6-23），植株不抗病，易倒伏；缺镁植株外围老叶易黄化干尖；缺钙导致心叶干尖黄化（图 6-24），生长发育受阻。

图 6-21　缺氮　　　　　　　　　　图 6-22　缺磷

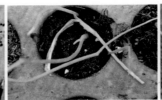

图 6-23　缺钾　　　　　　　　　　图 6-24　缺钙

【病因】大葱穴盘育苗时因穴盘保水保肥力差，补肥不足常发生缺素症状。另外，保护地育苗或栽培因低温或高温导致根系活力下降或老化，吸收元素不足亦会加重缺素症状。

【防治方法】育苗期间应注意氮磷钾平衡施肥，低温下育苗可浇灌或叶片喷施 0.2% 磷酸二氢钾、硝酸钙或螯合钙、硫酸镁等 1~2 次。

> ※提示：氮、磷、钾、镁等元素在植物体内可移动，因而可被新叶重新利用，所以缺素时老叶最先表现症状；而钙、铁等元素不能重新利用，因此缺素时新叶最先表现症状。

### 3. 大葱假茎基部膨大（大头）

【症状】大葱穴盘育苗期间或培土不及时会出现假茎基部膨大的现象（图 6-25），造成假茎粗细不均。

【病因】假茎生长延长需要湿润、黑暗环境，推测假茎基部在穴盘基质中所含生长素不易见光分解，而基质上边假茎生长素含量应低于基部，生长素具有从叶片调运养分功能，从而造

图 6-25　大葱假茎基部膨大

成地下部和地上部假茎养分调运差异，最终基部输送养分较多所致。

【防治方法】穴盘育苗期地下部地上部假茎粗度不均的现象在定

植后会逐渐消失，不影响收获产品质量。由于穴盘育苗期间假茎无法培土，因此解决上述问题的重要思路是尽量缩短育苗周期，从而减少差异。必要时可叶面喷施生长延缓剂促进假茎增粗，矮化株高防止倒伏。

### 4. 穴盘苗倒伏

【症状】穴盘育苗或苗床育苗幼苗发生大面积倒伏，影响幼苗正常生长（图6-26）。

图6-26　大葱倒伏　　　　　　　图6-27　僵苗

【病因】种植过密，氮肥施用过多，叶片生长过旺，造成头重脚轻发生倒伏。

【防治方法】苗床育苗应合理密植，穴盘集约化育苗可进行切叶管理，同时应平衡施肥，不可偏施氮肥。苗期可叶面喷施0.2%磷酸二氢钾2~3次。合理水分管理，适度干旱蹲苗，雨后及时排水。

### 5. 大葱僵苗

【症状】大葱幼苗期茎叶细弱，假茎紧缩，不易抽生新叶（图6-27）。

【病因】低温、干旱、脱肥或根系沤根、根腐病等因素均可导致葱苗吸收元素障碍，尤其根系病害或吸收不良常导致僵苗。

【防治方法】加强苗期水肥管理，蹲苗应适度；低温环境下，应注意减少浇灌水量，以免积水沤根；常年连作苗床，播种前应进行灭菌处理，药效过后可随水冲施"沃益多"生物菌1~2次。

### 6. 假茎基部弯曲

【症状】收获时假茎弯曲不直，影响产品质量（图6-28）。

【病因】人工或机械定植时摆放不直立，后期假茎直立生长造成弯曲。

【防治方法】人工定植时采用插栽法或采用机械定植。

### 7. 大葱分蘖

【症状】普通大葱生育后期生发分蘖，以1蘖居多，收获产品不符合市场需求标准（6-29）。

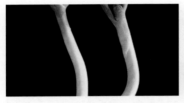

图6-28　假茎基部弯曲　　　　　　　图6-29　大葱分蘖

【病因】主要原因是品种本身易发分蘖；气候异常可导致休眠芽重新生长；定植前葱苗暴晒或定植后长期干旱会导致分蘖株比例增加。

【防治方法】选择不易分蘖品种；起苗后不宜长时间暴晒，应抓紧定植以及定植后合理水肥管理。

### 8. 出叶孔开裂

【症状】大葱外部出叶孔被内部新叶叶鞘撑裂，造成产品外观品质下降且易引发病害（6-30）。

【病因】大葱前期干旱或低温生长缓慢，后期环境适宜，水肥过大，新发叶片旺长所致，尤其收获期遇连续阴雨天容易发生。

【防治方法】选择长势中等品种，后期适当减少肥水。收获期遇雨应及时排涝防止田间积水。

### 9. 葱叶老化

【症状】大葱接近成熟收获期叶片干尖、叶身老化（图6-31）。

图6-30　出叶孔开裂　　　　　　　图6-31　大葱早衰老化

注：图6-30、图6-31选自上海惠和种业有限公司网站。

【病因】早熟品种延迟收获易发生老化。另外，前期水肥管理正常或过大，后期持续高温易发早衰老化现象。

【防治方法】根据市场需求合理安排茬口和早中晚熟品种搭配。

## 第三节 大葱田草害防治技术

### 1.大葱田的主要草害

大葱田杂草主要有马唐、牛筋草（图6-32左）、狗尾草、虎尾草、稗、反枝苋、皱果苋、刺苋、腋花苋、马齿苋（图6-32右）、藜、小藜、灰绿藜、荠、田旋花、打碗花等。

图6-32 牛筋草（左）和马齿苋（右）

### 2.防治技术

（1）**人工除草** 可结合大葱培土进行。

（2）**物理除草** 可于种植行间覆盖黑色农膜、除草药膜或覆盖稻草、玉米秸秆等可防除大部分杂草。

（3）**化学除草** 大葱不同品种对除草剂敏感性存在差异，应坚持先小面积试用再大面积应用的原则，以免出现药害造成生产损失。大葱定植前或定植缓苗后，可于杂草3~5叶期在行间地面喷施33%二甲戊灵乳油100~150mL/亩+24%乙氧氟草醚乳油20mL/亩或33%二甲戊灵乳油100~150mL/亩+25%辛酰溴苯腈乳油100~150mL/亩，兑水40~50kg/亩，可防除禾本杂草和阔叶杂草。用药时间宜在早晨和傍晚，晴天中午或地面干旱时用药效果不佳。喷药时应降低喷头高度，减少喷雾范围，避免药液飞溅至叶片，形成斑点，影响生长。边后退边喷药，不可前进喷药，以免脚踩用药地面，影响药膜形成。

注意：大葱田忌用25%扑草净、90%莠去津、200g/L氯氟吡氧乙酸、50%异丙隆等除草剂，否则易产生药害。50%乙草胺、960g/L精异丙甲草胺、480g/L灭草松、50g/L精喹禾灵、15%精吡氟禾草灵除草效果尚可，但对不同品种葱苗可产生轻度至中度药害，应限制使用。

## 第四节 大葱虫害诊断与防治技术

### 1. 葱蓟马

【为害分布】葱蓟马属缨翅目蓟马科，在我国南北方均有分布，为害包括葱属作物在内的 30 多种农作物，以北方作物受害较重。

【为害与诊断】以锉吸式口器吸食叶片、叶鞘汁液。受害部位形成黄白色斑点，大量斑点密集成为长斑，严重时叶片卷曲、畸形（图 6-33）。蓟马成虫为黄白色至深褐色，体长 1~2mm，红色复眼，锉吸式口器，触角 7 节，翅膀细长，淡黄色。足末端有泡状中垫，爪退化。腹部近纺锤形，末节圆锥形，腹面有产卵器。卵初期呈肾形，乳白色，后期逐渐变为黄白色卵圆形。若虫共 4 龄，体色为黄白色至橘黄色。4 龄若虫又称拟蛹，体色淡褐，翅芽明显，触角伸向背面。

图 6-33　葱蓟马为害叶片前期（左图）和后期（右图）症状

【发生规律】蓟马一般每年发生 3~4 代，但各地实际发生代数存在差异，如山东每年发生 6~10 代，北京 10 代左右，长江流域 8~10 代，华南地区 20 代以上。以成虫、若虫和拟蛹在葱属作物叶鞘内、土块、土缝或枯枝落叶中越冬，华南地区或保护地栽培无越冬现象。成虫怕光，早、晚或阴天取食旺盛，植株阴面虫量多。气温低于 25℃、空气相对湿度 60% 以下时有利于蓟马发生，高温高湿不利于其为害，少量雨水对其发生无影响，一年中以 4—5 月和 10—11 月发生为害较重，应注意提前预防。

【防治方法】

（1）**农业措施**　提前翻耕土地，及时中耕清除杂草，高温季节适当增加灌水次数和灌水量。

（2）**药剂防治**　若虫盛发期用下列药剂防治：25% 吡虫·仲丁威乳油 2 000~3 000 倍液、50% 辛硫磷 1 000 倍液、10% 烯啶虫胺水剂 3 000~5 000 倍液、21% 增效氰马乳油 5 000~6 000 倍液、70% 吡虫啉水分散粒剂 6 000~8 000 倍液、3% 啶虫脒乳油 2 000~3 000 倍液、240g/L 螺虫乙酯悬浮剂 4 000~5 000 倍液、25% 噻虫嗪水分散粒剂 6 000~8 000 倍液、50% 抗蚜威可湿性粉剂 2 000~3 000 倍液、10% 氯噻啉可湿性粉剂 2 000~3 000 倍液、20% 氰戊菊酯乳油 2 000 倍液、2.5% 三氟氯氰菊酯乳油 3 000~4 000 倍液、3.2% 烟碱川楝素水剂 200~300 倍液、1% 苦参素水剂 800~1 000 倍液等。兑水喷雾，视虫情间隔 7~10 天喷施 1 次。

### 2. 葱斑潜叶蝇

【为害分布】葱斑潜叶蝇属双翅目潜蝇科，广泛分布于葱属作物栽培地区，食害葱、洋葱、韭菜、大蒜等作物，以葱和韭菜受害最重。

【为害与诊断】幼虫在葱叶内蛀食叶肉组织，形成不规则的黄白色潜道，道内充满黑褐色虫粪。虫害严重时，潜道交错融合成潜食斑。受害叶片逐渐变黄枯萎，严重影响叶片光合作用（图 6-34、图 6-35）。雌成虫通过产卵器在葱叶上刺孔取食汁液，取食孔呈白色圆形斑点，多沿叶片呈纵向排列。

成虫体形较小，头部黄色，眼后眶黑色；中胸背板黑色光亮，中胸侧板大部分黄色；足黄色；卵白色，半透明；幼虫蛆状，初孵时半透明，后为鲜橙黄色；蛹椭圆

图 6-34　斑潜叶蝇 的潜食斑　　图 6-35　斑潜叶蝇幼虫在叶组织 中蛀食形成潜道

形，橙黄色，长 1.3~2.3mm。成虫具有趋光、趋绿和趋化性，对黄色趋性更强，有一定的飞翔能力。

【发生规律】葱斑潜叶蝇在我国各地每年发生 4~15 代不等，华北和西北地区每年发生 4~5 代，以蛹在被害叶内或土壤中越冬。第一代幼虫主要为害育苗小葱，幼虫老熟后脱叶落地化蛹，5 月上旬为成虫发生期。雌虫产卵于葱叶片表皮内，孵化后幼虫在叶肉组织中潜叶为害，6 月后为害加剧，7~8 月盛发，并可一直为害至 10 月底，夏季超过 35℃时有越夏现象。

【防治方法】

（1）**农业措施** 清除田间杂草、残株，减少虫源。定植前深翻土地，将地表蛹埋入地下。发生盛期增加中耕和浇水，破坏化蛹，减少成虫羽化。合理轮作、套作等。

（2）**物理和生物防治** 田间悬挂 30cm×50cm 黏虫黄板诱杀成虫。利用姬小蜂、反领茧蜂、潜蝇茧蜂等寄生蜂进行生物防治。

（3）**药剂防治** 烟熏防治：发生盛期棚室内可采用 10% 敌敌畏、15% 吡·敌畏、10% 灭蚜、10% 氰戊菊酯等烟熏剂，每次用量 0.3~0.5kg/亩。或选用 0.5% 甲氨基阿维菌素苯甲酸盐乳油 2 000~3 000 倍液、1.8% 阿维菌素乳油 2 000~3 000 倍液、1.8% 阿维·啶虫脒微乳剂 3 000~4 000 倍液、50% 灭蝇胺可湿性粉剂 2 000~3 000 倍液、5% 氟虫脲乳油 1 000~1 500 倍液等。兑水喷雾，视病情每隔 7 天防治 1 次，连续防治 2~3 次。

※注意：防治斑潜蝇幼虫应在其低龄时用药，即多数虫道长度在2cm以下时效果较好，幼虫3龄期后防治效果较差。防治成虫宜在早晨或傍晚等其大量出现时用药。

### 3. 甜菜夜蛾

【为害分布】甜菜夜蛾属鳞翅目夜蛾科，属多食性害虫。该虫分布广泛，具有暴发性，食害大葱，轻者减产 10%~20%，虫口密度大时可能导致绝收。

【为害与诊断】1~2 龄幼虫多在叶尖或折倒重叠处叶片表面取食，并留下取食痕迹。3 龄后幼虫多从距叶尖较近处或叶片折叠处钻入叶筒，在叶内部取食叶肉，并排泄大量虫粪。残留叶表皮呈透明状，严重者吃成孔洞，甚至叶片折断（图 6-36）。

成虫灰褐色，幼虫体色变化较大，有绿色、墨绿色、黄褐色等不同体色（图 6-37）。卵为白色馒头状，常数十粒堆积在一起呈卵块状。蛹长 10mm，黄褐色。

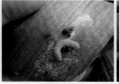

图 6-36　甜菜夜蛾为害大葱叶片　　图 6-37　甜菜夜蛾幼虫和成虫

【发生规律】甜菜夜蛾每年发生 4~5 代，以蛹在土中越冬，翌年 5 月中下旬羽化成虫。南方温度较高地区各虫态均可越冬，以第一代和第三代幼虫为害较为严重。北方地区 7 月以后，尤以 9 月、10 月发生严重。成虫昼伏夜出，趋光性强，趋化性弱，但对糖醋味有趋性。卵产于葱叶上，聚产成块，单层或双层卵块上覆盖白色绒毛。幼虫 5 龄，少数 6 龄，卵初孵时群聚于叶背为害，并吐丝拉网，防治较难。3 龄后分散，4 龄后昼伏夜出，有假死性，食物缺乏时有成群迁移习性，老熟后结茧化蛹。

【防治方法】

（1）**农业措施**　结合田间管理，人工摘除卵块和初孵幼虫为害的叶片，并集中处理。注意铲除田边杂草等滋生场所，晚秋或初春及时翻地灭蛹。

（2）**物理或生化诱杀**　利用幼虫假死性进行人工捕捉，并可利用黑光灯对成虫进行物理诱杀。按照 6 份红糖、3 份米醋、1 份水的比例配成糖醋液诱杀。

（3）**药剂防治**　低龄幼虫耐药性差，可于 3 龄以前采用以下药剂或配方防治：1.8% 阿维菌素乳油 2 000~3 000 倍液、0.5% 甲氨基阿维菌素苯甲酸盐乳油 2 000~3 000 倍液、5% 丁烯氟虫腈乳油 2 000~3 000 倍液、2.5% 三氟氯氰菊酯乳油 4 000~5 000 倍液、40% 菊·马乳油 2 000~3 000 倍液等。兑水喷雾，视虫情间隔 7~10 天防治 1 次。甜菜夜蛾耐药性较强，应在其幼虫 3 龄前及时喷药防治效果为佳。

4. **蝼蛄**

【为害分布】蝼蛄属直翅目蝼蛄科，我国菜田常见的有华北蝼蛄和东方蝼蛄，是分布很广的杂食性地下害虫。华北蝼蛄主要分布在中国北方各地，以黄河流域为多。东方蝼蛄在我国大部分地区均有分布，南方为害较重。

【为害与诊断】蝼蛄可为害多种蔬菜，在葱苗圃里其成虫、若虫咬食刚出苗的种子、葱苗假茎等可致植株死亡。蝼蛄常在土壤表层挖掘隧道活动，咬断根系或致土壤与根系分离，幼苗干枯死亡，常造成缺苗断垄。

华北蝼蛄身体肥大，体长 39~55mm，通体黄褐色。若虫共有 13 龄，5~6 龄后形态、体色与成虫相似（图 6-38）。

东方蝼蛄身体瘦小，灰褐色，体长 30~35mm。若虫共有 6 龄，2~3 龄后形态、体色与成虫相似。

【发生规律】华北蝼蛄在我国每 3 年发生 1 代，以成虫、若虫在深土层处（1~1.5m）越冬。翌年 3—4 月越冬成虫开始活动，4 月底到 6 月是春季为害盛期。6 月上旬开始产卵，卵期约为 1 个月，7 月初卵开始孵化。6 月下旬至 8 月下旬潜入土中越夏，9—10 月再次上升至地表形成秋季为害高峰。

图 6-38　华北蝼蛄成虫

若虫 3 龄前群集，多以嫩茎为食。第一年越冬若虫为 8—9 龄，第二年越冬若虫为 12~13 龄，第三年以刚羽化未交配的成虫越冬，第四年 6 月成虫产卵，至此完成 1 个生育世代。

东方蝼蛄在我国大部分地区每年发生 1 代，北方地区 2 年发生 1 代，以成虫、若虫在冻土层下越冬，其活动和为害规律与华北蝼蛄类似，但交配、产卵和若虫孵化期略有差异。

两种蝼蛄均昼伏夜出，晚上 21：00—23：00 时活动取食最为活跃，为害盛期多发生在葱幼苗期。成虫具有趋光性、趋化性（香甜味）、趋粪性和喜湿性，喜食半熟的麦麸、豆饼等。

【防治方法】

（1）**农业措施**　夏收后或入冬前应深翻土壤，营造不利于蝼蛄的生存环境；成虫为害盛期可追施碳酸氢铵等化肥，碳铵释放氨气对其有一定的驱避作用；精耕细作，合理轮作，不施用未腐熟的农家肥等。

（2）**物理诱杀** 可利用黑光灯诱杀成虫或挖浅坑堆放湿马粪，于清晨人工扑杀蝼蛄。

（3）**毒饵诱杀** 可先将麦麸、米糠、豆饼等炒香，按照0.5%~1%的比例拌入用水溶解或稀释的90%晶体敌百虫、50%辛硫磷乳油等药剂制成毒饵，苗床或田间每平方米撒施2.25~3.75g。

（4）**药剂防治** 蝼蛄多发地块可用药剂拌种或灌根。常用拌种剂有50%辛硫磷乳油等，用药量为种子重量的0.1%~0.2%。另外，用20%菊·马乳油3000倍液、50%辛硫磷乳油1 000~1 500倍液或80%敌百虫可湿性粉剂800~1 000倍液等间隔7~10天灌根，连灌2次也有较好防效。

### 5. 蛴螬

【为害分布】属鞘翅目，金龟科和丽金龟科，广泛分布于全国各地，为害瓜类、豆类、茄果类、叶菜和葱蒜类等蔬菜。

【为害与诊断】在土壤中咬食葱假茎，可引发葱软腐病，大葱商品价值下降。幼虫体长35~45mm，乳白色，少数黄白色，肥胖，常弯曲呈"C"形（图6-39）。蛹为裸蛹，长21~23mm，头小，体微弯曲，由黄白色渐变为橙黄色。

【发生规律】一般一年发生1代或两年发生1代，以成虫和幼虫在土壤中越冬。蛴螬共有3龄，1~2龄期短，3龄期最长。成虫具有假死性、趋光性、趋粪性和喜湿性。地温14~22℃，土壤含水量10%~20%，小雨连绵时虫害加重。

图6-39 蛴螬幼虫

【防治方法】

（1）**农业措施** 冬前深翻土地冻死部分幼虫。施用充分腐熟的农家肥或有机肥。

（2）**物理诱杀** 成虫盛发期可利用黑光灯诱杀或利用成虫的假死性人工扑杀。

（3）**药剂防治** 土壤处理可用50%辛硫磷乳油200~250g/亩兑水拌成毒土撒于定植沟中或随有机肥结合整地施用。生长期发生为害可用50%辛硫磷乳油1 000倍液灌根防治。

## 6. 葱蝇

【为害分布】葱蝇又称地种蝇，幼虫也称根蛆或地蛆，属双翅目花蝇科，是杂食性害虫。我国各地均有分布，主要为害大蒜、葱、洋葱和韭菜等葱蒜类蔬菜。

【为害与诊断】幼虫蛀入葱假茎取食，假茎被蛀食后呈凸凹不平状，变腐发臭，叶片枯黄，整株生长停滞甚至死亡（图6-40）。

【发生规律】东北地区每年发生2~3代，华北地区3~4代，以蛹在土中或粪堆中越冬。5月上旬至8月上旬成虫盛发，卵产于葱叶、假茎或植株周围约1cm深的表土层中。6月和9—10月是幼虫为害盛期。幼虫孵化后潜入土中，先为害根系，再取食假茎，也可以土壤中的腐殖质为食，具有背光性和趋腐性。成虫白天活动，

图6-40　葱蝇为害大葱假茎症状

晴天9∶00—15∶00活动旺盛，对葱花朵、未腐熟粪肥、腐烂葱蒜等趋性较强。葱蝇幼虫发生盛期与5cm耕作层温度和水分含量密切相关。其发生最适温度范围为15~30℃，超过30℃则进入越夏阶段。5cm耕作层水分含量低于25%时，虫口密度较大，高于25%时虫口密度下降。

【防治方法】

（1）农业措施　施用经过充分腐熟的粪肥。幼虫为害严重地块，可结合田间管理，通过勤浇灌或大水漫灌的办法抑制或淹死部分幼虫。

（2）毒饵诱杀成虫　用1份糖、1份醋、2.5份水，加适量敌百虫搅匀置入有盖容器中，每天在成虫活动期间开盖诱杀。当诱器中的雌蝇数量突增或雌雄比接近1∶1时为雌虫盛发期，应及时进行药剂防治。

（3）药剂防治　以防治成虫为主，防治幼虫为辅，在成虫产卵高峰和幼虫孵化盛期及时防治。虫害常年发生地块，可于育苗前或定植前用3%辛硫磷颗粒剂1.5~3kg/亩撒施于苗床土中或定植沟中防治。

　　成虫羽化产卵盛期可用以下药剂防治：0.5% 甲氨基阿维菌素苯甲酸盐微乳剂 2 000~3 000 倍液、21% 氰·马乳油 5 000~6 000 倍液、2.5% 氯氟氰菊酯乳油 1 000~2 000 倍液、1.7% 阿维·高氯氟氰可溶性液剂 2 000~3 000 倍液、3.5% 氟腈·溴乳油 200 倍液、1.8% 阿维菌素乳油 2 000~4 000 倍液等兑水均匀喷雾，视虫情每 7~10 天防治 1 次，连喷 2~3 次。

　　幼虫初发期和孵化盛期可用以下药剂：50% 辛硫磷乳油 500~800 倍液、80% 敌百虫可溶性粉剂 800~1 000 倍液、40% 灭线磷乳油 1 500 倍液。兑水灌根，间隔 7~10 天再防治 1 次。

第二篇 生 姜

# 第一章 生姜生物学特性及对环境条件的要求

## 第一节 生姜植物学特性

生姜原产于印度、马来西亚和我国热带多雨的森林地带，要求阴湿而温暖的环境。在植物学分类上生姜属于单子叶植物、姜科，农业生物学分类为蔬菜—薯芋类，具有可供食用的肥大多肉的块根。

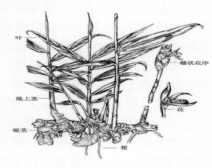

生姜植株形态直立，分枝性强，一般每株有 10 多个丛状分枝，植株开展度较小，45~55cm。主要分为根、地上茎、根茎、叶及花（图 1-1）。

图 1-1 生姜的植株形态

## 一、根

姜的根为浅根系，包括纤维根和肉质根，主要根群分布在半径 40cm 和深 30cm 的土层内，多集中在姜母的基部，其分布依土壤类型不同有深浅差异，土表 10cm 以内占 60%~70%。纤维根从幼芽基部发生，为初生的吸收根；肉质根着生在姜母及子姜的茎节上，兼有吸收和支持植株直立的功能。

播种后，先从幼芽基部发生数条纤细的不定根，称为纤维根，或称韧生根。出苗后，随着幼苗的生长，不定根数逐渐增多，并在其上发生许多细小的侧根，形成姜的主要吸收根系。植株达到旺盛生长时期，在姜母和子姜的下部节上，也可发生若干条肉质小根，形状粗而短，一般直径约 0.5cm，长 10~25cm，根毛很少，具有吸收和支持功能，可食用。

## 二、地上茎

姜的茎包括地上茎和地下茎两部分。地上茎直立、绿色，由根茎节上的芽发育而成，为叶鞘所包被，茎高 80~100cm。叶鞘除有保护作用外，还可防寒和防止水分散失。随着芽的生长，形成幼茎，幼茎逐渐伸长便形成茎枝。植株长出的第一支姜苗为主茎，以后发生大量分枝。

## 三、根茎

生姜地下茎为根状茎，简称"根茎"。根茎是生姜茎基部膨大形成地下根状肉质根茎，为繁殖器官，是收获的主要产品器官，也是主要的食用器官，贮有大量的营养物质。完整的根茎呈不规则掌状，其形成过程是：当种姜发芽出苗后，逐渐长成主茎。随着主茎生长，主茎基部逐渐膨大成一个小根茎，通常称为"姜母"。姜母两侧的腋芽可继续萌发出 2~4 根姜苗，即一次分枝，其基部逐渐膨大，形成一次姜块，称为子姜。子姜上的侧芽继续萌发，抽生新苗，为第二分枝，其基部膨大形成二次姜块，称为孙姜。如此继续发生第三、第四、第五次姜块，直到收获为止，便形成了一个由姜母和多次子姜组成完整的根茎。在一般情况下，生姜的地上部分分枝越多，地下部分姜块也越多，越大，产量也越高。

## 四、叶

姜的叶片包括叶片和叶鞘两部分。叶片披针形，单叶，绿色或深绿色。叶鞘绿色狭长抱茎，具有保护和支持作用。叶片与叶鞘相连处有一孔，新生叶从此孔抽出。姜叶互生，在茎上排成 2 列。叶背主脉稍微隆起，具有横出平行脉。其功能叶长 20~25cm，宽 2~3cm。每株姜有 16~28 片叶。叶柄较短。叶长 16~27cm，宽 2~3cm。

## 五、花

生姜的花为穗状花序，花茎直立，高 30cm 左右，由叠生苞片组成，苞片边缘黄色，每个苞片都包着一个单生的绿色或紫色小花，花瓣紫色，雄蕊 6 枚，雌蕊 1 枚。在我国，生姜开花者极少。

即使植株生长发育情况特别好，能有极少数植株抽蔓，但因温度太低也不能开花。在大棚里有的虽然能够开花，但结实也没成功过。在山东莱芜大面积姜田里，偶尔也能发现极少数花蕾。关于生姜开花与环境条件和栽培因素的关系尚不清楚。

## 第二节 生姜的生育周期

生姜为多年生宿根草本植物，但在我国作为一年生作物栽培。生姜为无性繁殖的蔬菜作物，播种用的"种子"就是根茎。其根茎和马铃薯的块茎有所不同，无自然休眠期，收获之后，遇到适宜的环境条件便可发芽。生姜极少开花，它的整个生长过程基本上是营养生长的过程。根据其生长发育特性可以分为发芽期、幼苗期、旺盛生长期和根茎休眠期4个时期（图1-2）。对于出现开花的种质，花穗上始现第一朵花蕾时，为现蕾期。

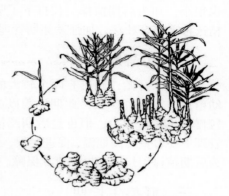

图1-2 生姜的生长发育周期
1.发芽期 2.幼苗期 3、4.旺盛生长期 5.根茎休眠期

### 一、发芽期

从种姜幼芽萌动开始，到第一片姜叶展开，包括催芽和出苗的整个过程，需经过40~50天。依照幼芽的形态变化，生姜发芽过程可分为4个阶段。

#### 1.幼芽萌动阶段

即根茎上的侧芽，由休眠状态开始变为生长状态。幼芽颜色鲜黄而明亮。

#### 2.幼芽破皮阶段

萌发后4~6天，随其生长，姜皮破裂，幼芽明显膨大，颜色更加鲜亮。

#### 3.鳞片发生阶段

破皮之后会出现第一层鲜嫩的鳞片，包围着幼芽，此后继续发生第二、第三、第四层鳞片。一般在第二至四层鳞片出现时，幼芽基部便可见根的突起，这时正是播种的适宜时期。

### 4. 成苗阶段

随着幼芽伸长，幼芽基部也由根的突起长出不定根。苗高 8~12cm 时，第一片姜叶便开始展开，随后姜苗开始制造养分。生姜在发芽期，依靠种姜贮藏的养分来发芽，生长速度缓慢，生长量也很小，却为后期植株生长打下了坚实的基础。所以，要特别注意精选种姜培育壮芽，加强发芽期管理，保证苗全苗旺。

## 二、幼苗期

从展叶开始，到具有两个较大的侧枝，即"三股杈"时期，为幼苗期，需 65~75 天，此期生姜以主茎生长、发根为主，生长速度较慢，生长量较少，但也是后期产量形成的重要时期。因此在栽培管理上要着重提高地温，促进生根，及时遮阴，清除杂草，培育壮苗，为后期植株生长发育提供营养保障。

## 三、旺盛生长期

从"三股杈"时期往后，一直到收获，生姜地上茎叶和地下根茎进入旺盛生长期，也是产品形成的主要时期，需 70~75 天。旺盛生长前期以茎叶为主，后期以根茎生长和充实为主。这一时期，一方面大量发生分枝，叶数也相应增多，此期所增加的叶数约为幼苗期的 6~7 倍。随着叶数的增加，叶面积也快速增大。另一方面，地下根茎也开始膨大。总之，这一时期植株的生长中心已转移到根茎，以根茎生长为主，叶片制造的养分，主要输送到根茎中积累起来。因此，此时是产品器官形成的主要时期。生姜 70%~80% 的产量都是在最后 50 天形成的。因此，在生姜生长后期加强管理十分重要。在盛长前期应加强肥水管理，促进发棵，使之形成强大的光合系统，并保持较强的光合能力；在盛长后期，则应促进养分运输和积累，并注意防止茎叶早衰，结合浇水和追肥进行培土，为根茎快速膨大创造有利的条件。

## 四、根茎休眠期

生姜具有不耐寒，不耐霜的生物学特性，北方地区冬季寒冷，通常不能在露地越冬。所以一般在早霜来临时，茎叶便会遇霜而枯死，如果遇到强寒流，根茎也会遭受冻害。所以，一般都在霜期到来之前，便进行收获贮藏，迫使根茎进入休眠，从而安全越冬，这种休眠称为强迫休眠。在贮藏过程中，注意保持适宜的温度和湿度，既要防止温度过高，使根茎发芽，消耗养分，也要防止温度过低，避免根茎遭受冷害或冻害。此外，还应防止空气干燥和虫害，以保持根茎新鲜完好，顺利度过休眠时期，待翌年气温回升时，再播种、发芽、生长。

## 第三节 生姜对环境条件的要求

一切生物有机体都不能脱离环境条件而生存。姜的生长发育也必然受所处生态条件的影响而产生相应的反应。生姜原产于亚洲热带及亚热带地区，由于长期在那里生活，系统发育的结果，使它形成了诸多与它起源地的自然环境相适应的生物学特性。但是经过人们长期的栽培、选择和驯化，现在的生姜，已经对温度、光照等生活条件有较强的适应性：目前，在我国无论南方和北方，都可以种植生姜。

生姜的生长与产品器官的形成，除了决定于其自身的遗传特性以外，还与环境条件有密切关系。环境因素主要包括温度、光照、土壤、营养、水分和空气等，所有这些条件都不是孤立存在的，而是相互联系的。比如，阳光与气温相互联系，水分与土温相互联系，阳光、温度与风力和空气湿度相互联系等。不同生态因素对姜的有机体产生不同的影响，而姜的不同生长期对同一环境因素的要求也是不同的，为此必须充分考虑各种环境因素对生姜生长发育的综合影响，采取相应的农业技术措施，利用一切有利条件，趋利避害，以满足生姜生长发育和高产的要求。因此，环境对作物生长的影响往往不是单一因素的影响，而是综合作用的结果。在这里，为了叙述方便，仍以单项环境因素进行讨论。

## 一、生姜对温度条件的要求

### 1. 不同生长时期对温度的要求

生姜对温度反应敏感，温度不仅直接影响各器官的生长，还直接影响各种生理活动。生姜属于喜温暖性蔬菜，不耐寒冷，不耐霜冻，也不耐炎热。在其生长的各个阶段，对温度的要求也不尽相同。据试验，种姜在16℃以上便可由休眠状态开始发芽生长；但在16~17℃条件下，发芽速度极慢，发芽期长达60天左右；在20℃时，幼芽生长仍然较慢。在生姜发芽期，以保持22~25℃对幼芽生长最为适宜，经20~25天，幼芽长度便可达1.5~1.8cm，芽粗1~1.4cm，芽肥芽壮。发芽期温度不宜太高，在30℃以上条件下，发芽虽然很快.但幼芽细长而瘦弱。在幼苗期和发棵期，保持25~30℃对茎叶生长较为适宜。

在一般情况下，当温度超过35℃或低于17℃，则光合作用降低。对生姜生长不利。但是生姜生长和光合作用的最适温度并不是固定不变的，而是随着其他环境因素的变化而变化的。比如随着光照强度和$CO_2$浓度的增加，其光合作用的适宜温度也相应提高。

在根茎旺盛生长期，要求白天和夜间保持一定的昼夜温差，白天温度稍高，保持在25℃左右，有利于茎叶进行光合作用，夜间保持17~18℃为宜，有利于养分积累和根茎生长。当温度降至15℃以下时，植株便停止生长，茎叶遇霜即枯死。

### 2. 对积温的要求

积温是作物要求热量的重要标志之一，生姜在其生长过程中，不仅要求一定的适宜温度范围，而且要求一定的积温，才能顺利完成其生长过程并获得较高的产量。根据对莱芜姜的生长过程及当地气象资料分析，全生长期约需活动积温3 660℃，需15℃以上的有效积温1 215℃。

## 二、生姜对光照条件的要求

生姜的生长要求中等强度的光照条件，耐阴而不耐强光。之所以说它不耐强光，是因为：第一，从大量生产实践中生姜对光强的反应来看，幼苗期，在高温强光照射下裸露栽培，则表现植株矮小，叶片发黄，分枝少而细弱，长势不旺，产量降低。因此，自古以来，无论南方或北方均有遮阴栽培的传统。第二，由田间试验结果来看，光照强弱对生姜生长和产量有明显的影响。由于强光的抑制作用，可致使植株生长不良，长势不旺，导致根茎产量不高。强光对生姜生长的抑制作用还表现在分枝数、叶面积、根茎重等各个方面。若遇强光，光合作用下降，苗期植株矮小，甚至枯萎。叶片发黄，生长不旺，叶片中叶绿素减少。若雨水过多，光照不足，对姜苗生长亦不利。生姜的不同发育时期要求光照强度亦不同。一般来讲，发芽期间要求黑暗，幼苗期间要求中等强度光照，在遮阴状态下生长良好，旺盛生长期同化作用较强，需光量大，以贮存积累更多的光合产物。生姜对日照长短的要求不严格，在长、短日照下均可形成根茎，但以自然光照条件下根茎产量最高。

## 三、生姜对水分条件的要求

水分是生姜植株的重要组成部分，是进行光合作用制造养分的主要原料之一，也是矿质营养的溶剂，在植物的生长活动中起着非常重要的作用。植株含水量一般在86%~88%。各种肥料也只有溶解在水里才能为根系所吸收，所以在生姜栽培中，合理供水对促进生姜正常生长并获得高产是十分重要的。

生姜为浅根性植物，难以充分利用土壤深层的水分，因而不耐干旱。不同生长时期，生姜对水分要求不同。幼苗期姜苗生长量小，本身需水量不多，但苗期正处在高温干旱季节，土壤蒸发量大，因而常感水分不足。同时，生姜幼苗期的水分代谢十分旺盛，其蒸腾作用比生长后期要强得多。因此，苗期消耗水分较多，为保证幼苗生长健壮，此时不可缺水，如若土壤干旱而不能及时补充水分，姜苗生长就会受到严重抑制，经常出现"缩辫子"现象，造成植株矮小，叶片光合能力弱，影响后期根茎形成。

生姜进入旺盛生长期后，生长速度大大加快，需要较多的水分，为了促进大量发生分枝和根茎迅速膨大，应及时足量供水，此期如缺水干旱，不仅产量降低，而且品质变劣。但是，生姜也不耐涝，土壤积水，生姜生长发育受阻并容易引发姜瘟病，可能导致大幅度减产。

因此，在生姜栽培中，应根据生姜不同生长时期对水分的要求，合理供水，保持土壤湿度适宜。生姜既不耐旱，又不耐涝，所以既不可缺水，又不可积水。在南方，雨水较多，排水不及时，常会造成土壤积水，影响生姜根系发育，所以如遇连续阴雨天气，应及时清沟排水。通常保持土壤相对含水量70%~80%较为适宜。

## 四、生姜对土壤条件的要求

生姜对土壤质地要求不甚严格，适应性较广。无论沙土、壤土或黏土均能正常生长，但不同土质对其产量和品质有较大影响。沙土透气性好，春季地温上升快，有利于早出苗，幼苗生长也较快，但沙土保水保肥能力差，造成旺盛生长期植株长势弱，易早衰，因此往往产量不高。黏土保水保肥能力强，但透气性差，影响前期发苗和后期根茎膨大，最终产量也较低。壤土沙黏适中，既松软透气，又能保水保肥，有利于幼苗生长与根系发育，因而根茎产量高。可为生长后期根茎膨大提供充足的养分，所以常适于栽培生姜，也是生姜产量高、品质好的重要基础。

在沙性土壤上栽培生姜，其根茎多表现光洁美观，含水量较少，干物质较多。在黏性土壤上栽培生姜，其根茎含水量较高，质地细嫩。不同的土质，不仅影响根茎的商品质量，对其营养品质也有一定的影响。重壤土上种植的生姜，干物质含量较低，而可溶性糖、维生素 C 和挥发油的含量则显著高于轻壤土和沙壤土。淀粉和纤维素的含量，三种土质比较接近。土壤酸碱性的强弱对生姜茎叶和地下根茎的生长都有明显的影响。生姜喜中性和微酸性环境，但对土壤酸碱度的适应范围较宽，在 pH 值 5~7 范围都生长良好。其中以 pH 值为 6 时，根茎生长最好。当土壤 pH 值 >8 时，则对生姜各器官的生长都有明显的抑制作用，表现植株矮小，叶片发黄，根茎发育不良。因此应选择生姜最适宜于栽培在土质中性偏酸、土层深厚、土质疏松而肥沃、有机质丰富、通气良好、便于排水的土壤上。

## 五、生姜对矿质营养条件的要求

生姜根系不甚发达，能够伸入土壤深层的吸收根很少。因而吸肥能力较弱，对养分要求比较严格。生姜植株较大，分枝数多，单位面积上种植的株数也多，生长期长，所以需肥量也较大。据测定，生姜形成 1 000kg 产品需要的吸肥量与马铃薯、黄瓜、茄子等多种蔬菜相比较，其吸收氮、磷、钾的数量均大大超过其他蔬菜。由此可以看出，生姜对营养条件要求较高，是需肥量较多的作物。

生姜在整个生长过程中，需要从土壤中不断地吸收氮、磷、钾三要素以及钙、镁等各种元素，其中以氮、磷、钾三要素吸收最多，作用最大。就氮、磷、钾三要素对生姜生长及产量的影响来看，生姜对氮和钾均很敏感。因为氮是蛋白质的主要成分，也是合成叶绿素的主要元素，因此，它与光合等各种新陈代谢作用密切相关。缺氮时，生姜植株矮小，茎秆细弱，叶片薄，叶色淡绿，导致光合作用减弱，因而产量、品质都降低。钾是植物生命中许多酶的活化剂，它能调节多种代谢反应，对植物的生长发育、光合产物的运转、呼吸及氮素转化、碳水化合物的合成与积累等都具有十分重要的作用。因此，钾肥充足时，生姜叶片肥厚，茎秆粗壮，分枝多，根茎肥大，产量高，品质好。否则，生姜长势明显减弱，根茎产量和品质也显著降低。磷在植物体内除作为核酸、核蛋白、磷脂等许多重要的有机化合物的组成成分以外，还参与作物体内多种代谢作用，与作物的生长发育、产量和品质也有密切关系，因此，磷肥不足时对生姜生长和产量亦产生不利影响。

生姜在不同的发育时期对养分的吸收也是不同的。苗期生长缓慢，生长量很小，因而需肥较少，"三股杈"时期以后生长转旺，需肥量增多，后期追肥十分重要。

生姜全生长期吸收钾肥最多，氮肥次之，磷肥居第三位。各器官对养分的吸收量也不同。叶片吸收氮素最多，钾居第二位，磷最少；茎秆和叶片不同，吸收钾素最多，氮素居第二位，磷最少；根状茎吸收氮、钾较多，磷较少。所以到根茎迅速膨大期，供给充足的氮肥和钾肥，防止植株早衰，对提高产量尤为重要。

生姜要求营养全面，不仅需要氮、磷、钾、钙、镁等元素，还需要锌、硼等多种微量元素。这些元素都有各自的功能，不可为其他元素所代替。因此，在生姜栽培中，需要施用完全肥，如果缺少某种元素。不仅会影响植株的生长和产量，而且会影响根茎的营养品质。

生姜与其他蔬菜作物一样，对各种养分的需求有一个适量范围，如果某种元素缺乏或用量过多，均不利于植株的生长和产量的提高。关于生姜施肥水平的研究表明，以施用适量完全肥的处理（每亩施 N 40kg，$P_2O_5$ 7.5kg，$K_2O$ 40kg）表现最好，植株生长旺盛，分枝多而健壮，叶面积最大，产量最高。施用钾肥过量时，每亩产量较前者降低 16.6%；当施用氮肥或磷肥过量时，则产量降低更多，分别减产 25% 和 25.5%。此外，对三要素施用过多时，还会导致淀粉、可溶性糖、维生素 C、挥发油等营养成分降低，使品质变差。所以，施肥量应适宜，并不是越多越好，若施肥过量，不但会造成本身离子大量积累，还会影响对其他营养元素的吸收，造成养分比例失调，严重时还可能发生单盐毒害，对产量和品质产生不良影响。

# 第二章　生姜类型及优良品种介绍

## 第一节　生姜的分类

生姜的分类主要有两种方法：一种是按生物学特性进行分类，另一种是按产品用途进行分类。

### 一、按生物学特性进行分类

根据生姜的植物学特征及生长习性，可分为疏苗型和密苗型两种类型。

#### 1. 疏苗型

植株高大，茎秆粗壮，分枝少，叶深绿色，根茎节少而稀，姜块肥大，多单层排列，姜球节较少，节间较稀，见图 2-1。该类型丰产性好，产量高，商品质量优良。其代表品种如山东莱芜大姜、广东疏轮大肉姜、安丘大姜、藤叶大姜等。

图 2-1　疏苗型

#### 2. 密苗型

植株高度中等，生长势较强。分枝性强，单株分枝数多，叶色翠绿，叶片稍薄，根茎节多而密，姜块多数双层或多层排列，姜球数较多，姜球较小，见图 2-2。其代表品种如山东莱芜片姜、广东密轮细肉姜、浙江临平红瓜姜、江西兴国生姜、陕西城固黄姜等。

图 2-2　密苗型

## 二、按产品用途进行分类

按照生姜的根茎或植株的用途可分为食用、药用型，食用、加工型和观赏型三种类型。

### 1. 食用、药用型

我国栽培的生姜绝大多数都是这种类型的品种，多数品种以食用为主，兼有药用效果。如莱芜大姜、广州肉姜、铜陵白姜等。

### 2. 食用、加工型

生姜除可以作为调味品食用外，还可以加工成各种食品，其中以腌制品较多。作为加工原料要求含水量高，纤维少，辣味淡，辛香味浓。常用的品种有铜陵白姜、广州肉姜、兴国生姜等。

### 3. 观赏型

属于这一类的生姜较少，主要以地上部植株的优美姿态供人观赏。主要分布在我国台湾和东南亚一些地区。

## 第二节 生姜常见优良品种介绍

由于生姜以根茎进行无性繁殖，很难用常规方法进行育种，因此各地区均以种植当地地方农家品种为主。这些地方品种都是在当地的自然条件下，经过人们长期的选择、驯化和培育而成的，一般都具有较强的适应性、良好的丰产性、优良的品质和独特的食用价值。生姜的地方品种多以地名、根茎或芽的颜色及姜的其他形态特征命名。现将我国生姜的部分优良地方品种和育成品种介绍如下。

### 1. 莱芜大姜（图2-3）

植株高大，生长势强，一般株高75~90cm，叶片大而肥厚，叶色深绿，茎秆粗壮，分枝数较少，每株为6~10个分枝，多者达12个以上，属疏苗类型。根茎姜球数较少，但姜球肥大，节小而稀，外形美观，刚收获的鲜姜黄皮黄肉，经贮藏后成灰土黄色，辛香味浓，商品质量好，产量比片姜稍高一些，出口销路好，颇受群众欢迎，种植面积不断扩大。

图 2-3　莱芜大姜

### 2. 莱芜片姜（图2-4）

生长势较强，一般株高70~80cm，叶披针形，叶色翠绿，分枝性强，每株具10~15个分枝，多者可达20枚以上，属密苗类型。根茎黄皮黄肉，姜球数较多，且排列紧密，节间较短。姜球上部鳞片呈淡红色，根茎肉质细嫩，辛香味浓，品质优良，耐贮耐运。一般单株根茎重300~400g，大者可达1 000g左右。一般亩产1 500~2 000kg，高者可达3 000~3 500kg。该品种一般于当地5月上旬播种，10月中下旬收获，生长期140~150天，亩产可达2 000kg。

图2-4　莱芜片姜

### 3. 红爪姜（图2-5）

为浙江嘉兴市新丰及余杭县临平和小林一带农家品种，植株生长势强，株高70~80cm，叶披针形，深绿色，植株分枝力强，属密苗类型。根茎肥大皮淡黄色，芽带淡红色，故名红爪。肉蜡黄色，纤维少，味辣，品质佳。嫩姜可腌渍或糖渍，老姜可作调味香料。单株根茎重400~500g，重者可达1 000g以上，一般亩产1200~1 500kg，高产达2 000kg左右。该品种喜温暖不耐寒冷，抗病性稍弱。通常于4月下旬至5月上旬播种，每亩种植4 000~5 000株，可于8月上旬收获嫩姜，11月上中旬收获老姜。

图2-5　红爪姜

### 4. 黄爪姜（图2-6）

浙江省临海一带农家品种。植株比红爪姜稍矮，姜块节间短而密，皮淡黄色，芽不带红色，故名黄爪。姜块肉质微密，辛辣味浓，植株抗病性较强，但产量较低，单株根茎重250g左右，一般每亩产1 000~1 200kg。当地于4月下旬播种，6月下旬收挖种姜，8月上旬采收嫩姜，11月上旬收获老姜。

图2-6　黄爪姜

### 5. 安徽铜陵白姜（图2-7）

安徽铜陵地方品种，栽培历史约600余年，早在明清初就远销东南亚诸国。植株生长势强，株高70~90cm，高者达1m以上，叶窄披针形，深绿色。姜块肥大，鲜姜呈乳白色至淡黄色，嫩芽粉红色，外形美观，纤维少，肉质细嫩，辛香味浓，辣味适中，品质优，除蔬食外，还适于腌渍和糖渍。当地通常于4月下旬至5月上旬播种，高畦栽培，搭高棚遮阴，10月下旬收获。单株根茎重300~500g，亩产鲜重1 500~2 000kg。

### 6. 广州肉姜

广东省广州市郊农家品种，在当地栽培历史悠久，分布较广，在广东省普遍栽培，多进行间作套种。除供应国内市场外，大量出口国际市场，加工的糖姜是广东的出口特产之一。当地栽培主要有两个品种。

（1）**疏轮大肉姜**（图2-8）又称单排大肉姜，植株较高大，一般株高70~80cm，叶披针形，深绿色，分枝较少，茎粗1.2~1.5cm。根茎肥大，皮淡黄色而较细，肉黄白色，嫩芽为粉红色，姜球成单层排列，纤维较少，质地细嫩，品质优良产量较高，但抗病性稍差。一般单株根茎重1000~2000g，间作亩产1 000~1 500kg。

图2-8　疏轮大肉姜

（2）**密轮细肉姜**（图2-9）又称双排肉姜，株高60~80cm，叶披针形青绿色，分枝力强，分枝较多，姜球较少，成双层排列。根茎皮、肉皆为淡黄色，肉质致密，纤维较多，辛辣味稍浓，抗旱和抗病力较强，忌土壤过湿，一般单株重700~1 500g，间作亩产800~1 000kg。

图2-9　密轮细肉姜

### 7. 湖北来凤凤头姜（图2-10）

因其形似凤头而得名，主产湖北省恩施土家族苗族自治州来凤县。该品种植株较矮，叶披针形，绿色。根茎黄白色，嫩芽处鳞片为紫红色，姜球表面光滑，品质优良、风味独特，鲜子姜无筋脆嫩、富硒多汁、辛辣适中、美味可口，远销

图2-10　湖北来凤凤头姜

东南亚市场。生姜在来凤具有五百余年的种植加工历史，是该县闻名于全国的传统土特产，全县年产4 500多万千克，产量居全省之首。该品种通常于当地4月下旬至5月上旬种植，10月下旬至11月初收获，一般亩产1 500~2 000kg。

### 8. 兴国九山生姜（图2-11）

兴国九山生姜是江西名特蔬菜之一，为兴国县留龙九山村古老农家品种。该品种一般株高70~90cm，分枝较多，茎秆基部带紫色有特殊香味，叶披针形、绿色。根茎肥大，姜球呈双行排列，皮浅黄色，肉黄白色，嫩芽淡紫红色，粗壮无筋，纤维少，肉质肥嫩，辛辣味中等，品质佳，耐贮耐运，故有"甜香辛辣九山姜，赛过远近十八乡，嫩如冬笋甜似藕，一家炒菜满村香"之美传。当地通常于4月上中旬播种，6月初收取种姜，10—12月采收鲜姜。

图2-11　兴国九山生姜

### 9. 鲁山张良姜（图2-12）

出产于河南省鲁山县张良镇，有2200多年的种植历史。植株生长势强，株高90~100cm。分枝性较强，叶深绿色，根茎肥大。鲜姜外皮光滑，呈现黄白色至淡黄色，嫩芽粉红色，比较粗壮。姜块呈手掌状，块大皮薄，含水量低，纤维含量少，辛辣味重，品质良好。一般单株根茎重量450~650g，亩产约1 700kg，该品种储运性好，抗病中等。

图2-12　鲁山张良姜

### 10. 山农大姜一号（图2-13）

该品种是山东农业大学近年来成功培育出的，它取材于莱芜大姜，是利用常规诱变育种和生物技术相结合的方法成功选育出的性状优良而稳定的生姜新品种。该品种叶片平展、开张，叶色浓绿。上部叶片集中，有效光合面积大。抗寒性强，进入10月后，莱芜姜上部

图2-13　山农大姜一号

叶片明显变黄，而该品种仍维持绿色。姜苗少且壮。相同栽培条件下，地上茎分枝只有 10~15 个，而莱芜大姜一般有 15~20 个。单产高，增产幅度大。亩产高达 6 000~7 500kg。

# 第三章 生姜绿色高效栽培技术

## 第一节 露地生姜绿色高效栽培技术

总体来说，生姜露地栽培投资比较少，管理相对简单。多年来，受环境条件和生产习惯等因素的影响，生姜产量在亩产 3 000kg 左右，但如果改变一些传统的生产方式，获得 5 000kg 的亩产也是很有可能的。

### 一、选种姜和培育壮芽

#### （一）选种姜

生姜的品种比较多，各地区品种之间差异较大，应该选择长势好、产量高、适宜本地区栽植、市场需求量大的优良品种作为种姜。如果种姜的选择不恰当，将会导致生姜出苗不整齐，长势弱，严重影响生姜的产量和品质。

选用种姜时，应选择姜块肥大、丰满，皮色光亮，肉质新鲜，不干缩，不腐烂，未受冻，质地硬，无病虫害的健康姜块做种，如图 3-1 所示。姜从催芽到三股杈期所需的营养都来自于种姜，只有种姜健壮，才能提供充足的营养，保证生姜根系在吸收到足够的营养之前，植株生长良好，避免出现营养供应不足的情况。若种姜比较小，则无法满足前期植株生长所需的营养，植株必然长势弱，产量也不会高。

图 3-1　健壮的种姜

#### （二）培育壮芽

培育壮芽是生姜获得丰产的基础。壮芽从其外部形态上看，芽身粗壮钝圆，弱芽则芽身细长，芽顶尖细，如图 3-2 所示。生姜种芽的强弱与种姜营养状况，种芽着生的位置以及催芽温度和湿度等因素有关。

## 1. 影响壮芽的因素

（1）**种姜的营养状况** 俗话说"母壮子肥"。一般情况下，凡种姜健壮鲜亮者，新长的姜芽多肥壮；而种姜干瘪瘦弱的，则新长的姜芽多数瘦弱。

（2）**种芽着生的位置** 由于存在顶端优势，种姜上部芽及外侧芽多数肥壮，而基部芽和内侧芽多数瘦弱。

（3）**催芽的温度和湿度** 在22~25℃的温度下催芽，新生芽健壮，如果催芽温度过高，长时间处在30℃以上，则新长的幼芽就瘦弱细长。催芽期间湿度太低的话，种芽往往瘦弱。

图 3-2　壮芽与弱芽　　　　　　　　图 3-3　晒姜

## 2. 培育壮芽的方法

培育姜芽是我国姜农普遍采取的方法，通常包括晒姜、困姜和催芽3个步骤。

（1）**晒姜** 播种前30天左右（北方多在清明前后，南方则在春分前后），从贮藏窖里将种姜取出，洗净泥土，平铺在室外空地上或草席上晾晒1~2天（图3-3），夜间收进室内以防受冻。通过晒种，可提高姜块温度，打破休眠，促进早发芽，并减少姜块中水分，防止姜块腐烂。晒种后还可使病姜干缩变褐，症状明显，便于及时淘汰病姜。

※ 重要提示：晒姜要适度，切不可暴晒。阳光强烈时，可用遮阳网或席子等遮阴，以免失水过多，姜块干缩，致使出芽细弱。

（2）**困姜** 姜块晒晾1~2天后，置于室内再堆放3~4天，姜堆上盖上草帘或农膜，促进姜块养分分解，称作"困姜"（图3-4）。经过2~3次的重复，8~10天，种姜晒困结束。

（3）**催芽** 种姜催芽可促使幼芽提前萌发，带芽种植出苗快而整齐，从而延长生长期，为提高产量奠定了基础，因而是一项非常重要的技术措施。催芽的方法很多，各地区均不相同，可以因地制宜，加以利用。常用的催芽方法有室内催芽池催芽法，室外土炕催芽法，熏烟催芽法，阳畦（冷床）催芽法，电热催芽法等。现简单介绍几种常用的催芽方法。

※重要提示：种姜晒困过程中及催芽前必须严格进行选种，及时淘汰瘦弱干瘪、肉质变褐及发软的姜块，见图3-5、图3-6。

 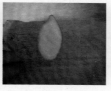 

图3-4　困姜　　　　图3-5　正常姜块　图3-6　肉质变褐的姜块

① 室内池式催芽法（图3-7）。在房内一角用砖建一长方形的催芽池，池高80cm左右，池的长度和高度依种姜数量而定。放种姜前，先在池底及四周铺1层麦穰，约10cm厚。麦穰上再铺上2~3层草纸。选晴朗的天气在最后一次晒姜后，趁姜块温度较高，将种姜层层移放在池内，堆放厚度以50~60cm为宜。姜种排好以后，散散热，第二天盖池。盖池前先在姜堆上铺10cm左右的麦穰，再盖上棉被保温。10~12天后，幼芽开始萌动，再过

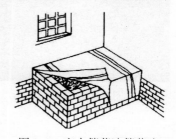

图3-7　室内催芽池催芽法

10天左右，幼芽可长至0.5~1.5cm，此时可以下地播种。

② 阳畦催芽法。即选避风向阳地点，按东西挖筑床框，框口北高南低，东西两侧由北向南倾斜，床深25~30cm。将床底土壤耧平。铺垫一层10cm厚的麦穰，放入种姜厚25cm左右，姜块上再盖一层15cm厚的麦穰，即在框口架放细竹，再在其上覆盖透明塑料薄膜，白天晒暖，夜晚盖草帘保温，有条件者还可在阳畦内铺地热线加温。床温超过25℃时，适当揭开薄膜通风降温，使床温保持比较稳定。

③ 电热毯催芽法（图 3-8）。 在房内干净的地上或床上先铺一层 10cm 厚的干麦穰，再铺一层农膜，上面铺上电热毯，然后再铺一层农膜。上面再铺一层 2~3cm 厚的干麦穰，做成催芽床。晴暖天气将种姜层层堆放在干麦穰上，堆放厚度为 50~60cm，堆放过厚，则温度高湿度大，容易引起烂种。反之，则不利于催芽。上面再盖一层 10cm 厚的麦穰，麦穰上铺一层旧棉被。接通电源。把温度控制在 25℃，10~12 天后姜堆内部温度升高，温度调低到 20℃，若湿度过大，中午可把棉被掀开 1~3 小时，再盖上即可。经过 20~25 天，幼芽生长到 0.5~1cm 时，即可播种。

※重要提示：具体催芽方法各地区可根据实际情况灵活运用，不论采用哪种催芽方法，催芽过程中最重要的管理工作是调节温度；在发芽过程中，以保持温度22~25℃较为适宜。

图 3-8　电热毯催芽　　　　　图 3-9　适宜播种的种芽

※小经验：播种时的种芽大小，对生姜后期生长有显著影响，因而播种时应选择芽长0.5~2cm、芽粗0.6~1cm、幼芽肥壮、顶部钝圆、色泽鲜亮的短壮芽做种芽（图3-9）。

## 二、露地栽培与管理技术

### （一）整地与施肥
由于生姜的根系不发达、在土层中的分布较浅，因而在生育期内表现为既不耐旱也不耐涝。所以选择姜田时应选地势较高，土层深厚、有机质丰富、能排能灌和呈微酸性的肥沃壤土。条件允许的话，最好实行轮作。如果地块近两到三年内发生过姜瘟病则不能种姜。姜田选定后，通常在前茬作物收获后进行秋耕。第二年土壤解冻后，细耙一遍，并结合耙地施入农家肥。生姜生育期长，必须施足基肥，一般每亩施优质腐熟有机肥 3 000kg，过磷酸钙 50kg，硫酸钾 50kg。如果肥料不足可在播种沟内施肥。为防止地下害虫，每亩用 3% 辛硫磷颗粒剂 2kg 拌土 12~15kg 撒匀，然后将地耙细整平。

　　生姜的栽培方式也不尽相同。北方地区多采用开沟播种。具体做法是在整好的地块上开沟，沟距 50cm，沟宽 25cm，沟深 15~20cm。为方便浇水，沟不要太长，最好别超过 50m。如果地块过长，则开腰沟种植。

　　南方地区由于雨水较多，一般多采用高畦栽培方式，以便于防涝。具体方式是畦宽 1.2m，畦间沟宽 30cm、深 20cm 左右的高畦，可种生姜 3 行；有的地方，采用 3~4m 宽高畦，在畦面上横向按 35~40cm 行距开深 10~13cm 沟栽培生姜。

　　长江流域及其以南地区夏季多雨，宜作高畦栽培，畦南北向。畦长不超过 15m，如田块较长，则在田中开腰沟。畦宽 1.2m 左右，畦沟宽 35cm，沟深 15cm。在畦上按行距 50cm 左右开东西向种植沟，沟深 10~13cm 栽培生姜。

### （二）播种

#### 1. 掰姜种

　　播种前要进行掰姜种的工作（图 3-10），把经过催芽的大姜块掰成 50~75g 为宜，一般只保留一个短壮芽，少数根据情况保留 2 个，其余幼芽全部去除，以便使养分集中供应主芽，保证苗壮苗旺。掰姜时如果发现幼芽基部发黑或掰开的姜块断面褐变应予以去除，掰姜种的过程实际上是又进行了块选和芽选。

图 3-10　掰姜种

## 2. 浸种

（1）**药剂浸种** 为了预防种姜带菌，播种前应对种姜进行消毒处理，常用的有下面几种方法。

① 用 1% 波尔多液浸种 20min（图 3-11），取出晾干备播。

② 用 100 倍液甲醛浸种 6 小时。

③ 用草木灰浸出液浸种 20min 或用 1% 石灰水浸种 30 min。

图 3-11　波尔多液浸种

（2）**植物生长调节剂浸种** 播种前，将掰好的姜块放在 250~500mg/L 的乙烯利溶液中浸泡 15min，其目的是促进植株分枝，增强长势，提高产量。

## 3. 浇底水

由于生姜发芽慢，出苗时间较长，如果土壤水分不足，将会影响幼芽的出土与生长，并且出苗前浇水容易造成土表板结，影响出苗。因此，为保证幼芽顺利出苗，必须在播种前浇透底水（图 3-12）。浇底水一般在沟内施肥后进行，浇水量不宜太大，否则姜垄湿透，不方便下地操作。

## 4. 摆放种姜

待底水渗下后即可将种姜按照 20cm 左右的株距排放在沟内，通常有平播法和竖播法两种种姜排放方法。平播法是将种姜压入土中，使姜芽与土面相平，并使姜芽方向保持一致。这种播种方法种姜与新姜的姜母垂直相连，便于扒老姜，见图 3-13。还有一种方法是竖播法，是将种姜一律竖着插入泥中，这种方法则不宜扒老姜。

图 3-12　浇底水

图 3-13　摆放种姜

### 5. 覆土

播种后为防止日晒伤芽，应立即进行覆土盖住姜块及姜芽。覆土应用垄上的细湿土，且不能太厚，不能影响姜芽出苗，也不能太薄，太薄容易落干，一般覆土厚度在4~5cm为宜，见图3-14。

图3-14 覆土

### 6. 地膜覆盖

生姜不耐霜冻，因此，露地栽培的生姜生长期较短是限制其产量提高的重要因素之一。从20世纪80年代开始，地膜覆盖开始陆续应用于生姜的栽培生产。它的优点是不仅可以提早播种，延长生育期，提高产量，还能增温保湿、抑制杂草的生长，减少中耕次数，从而省工省力，降低生产成本。具体做法是：生姜播种覆土后，趁土壤湿润，喷施一次除草剂，喷药时人员倒退操作，喷药后保持地面湿润。左右的透明地膜拉紧盖于沟两侧的垄上，地膜边上用土压紧。一般一幅地膜可盖两行。种姜出苗后，待幼苗在膜下长至1~2cm时，应及时将幼苗上方的膜划破放苗出膜，并立即用细土将苗孔周围盖好，以利保温、保墒。

（1）**单层膜覆盖** 采用地膜覆盖栽培生姜可提早25~30天播种，比对照增产20%以上。播种后喷施1次除草剂，然后覆盖地膜，既可省去拔草的麻烦，又可减少除草剂施用次数。一般于6月下旬撤去薄膜。具体做法是：播种后用宽1.2m的地膜拉紧盖于沟两侧的垄上，取土压紧地膜，使沟底与膜的距离保持15cm左右，一幅地膜盖两行。幼芽出土后，待苗与地膜接触时，打孔引出幼苗，见图3-15。

图3-15 地膜覆盖

（2）**双层膜覆盖** 笔者利用透明和黑色地膜双膜覆盖，获得较理想的效果。具体做法是：4月中旬生姜播种后，随即盖上透明地膜，等到5月上旬，生姜出苗前再在透明地膜上加盖一层黑色地膜。黑膜的主要作用是遮阴，达到降温、保湿、节水、除草的目的。这种做法不但能使遮阴成本降低200~300元/亩，而且能增产30%~40%，是目前值得推广的一项生姜高产栽培新技术。

### 7.合理密植

合理密植是实现生姜高产高效栽培的重要条件。一般低肥水姜田可采用行距50cm，株距15cm，每亩种9000株左右，中肥水姜田可采用行距50cm，株距17cm，每亩种8000株左右，高肥水姜田可采用行距50cm，株距20cm，每亩种7000株左右。

※提示：确定合适的密度必须综合考虑各方面的因素，比如土壤肥力状况、管理水平、种姜的品种及地区因素等。

### （三）田间管理

#### 1.遮阴

生姜属于耐阴性作物，不耐强光和高温，特别是处在幼苗期的生姜植株，如果没有遮阴措施，则姜苗矮小，生长不良，产量下降。而生姜幼苗期正处于夏季高温季节，天气炎热，光照较强，因此生姜栽培必须进行遮阴处理。

生姜栽培遮阴的方法多种多样，无论采取何种方式，只要满足遮光60%~70%，使姜苗处在花荫状态下即可。入秋天气转凉以后，要及时去除遮阴物，以加强光合作用和养分的积累。长江流域多在6月上中旬遮阴，8月下旬至9月初拆除，华南和华北适当提前或延后。

南北方地区生姜栽培采用的遮阴方式也不相同。北方姜区传统的遮阴方式是"插姜草"，通常于生姜播种后，趁土壤潮湿时在种植行的南侧（东西行）或西侧（南北行）15cm左右插上谷草，并编织成高度80cm左右花篱笆用来遮阴，也可用玉米秸秆或树枝等来代替。20世纪90年代以后，黑膜、遮阳网等材料的兴起也逐渐用到姜苗遮阴上，均取得较好的效果。南方姜区则采用"搭姜棚"遮阴，具体做法是在幼苗出土后在畦面用竹竿搭棚，然后再在上面覆盖麦草用来遮阴，见图3-16至图3-18。

图3-16　插姜草遮阴示意

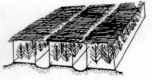

图 3-17 用树枝、打孔黑膜、遮阳网遮阴　　图 3-18 搭姜棚遮阴示意

## 2. 合理灌水

生姜的根系很浅，主要分布在土壤表层，因而不耐旱，需要经常浇水。但姜亦不耐涝，如果过度浇水又会影响其根系发育，引起姜瘟病等病害，因此必须要合理浇水。

（1）**发芽期水分管理** 一般情况下认为在出苗率达到 70% 时开始浇第一水。浇得太早，土壤容易板结造成出苗困难。浇得太晚则容易受旱使幼苗干枯。在浇完第一水后隔两三天，接着浇第二次水，然后中耕保墒。

> ※提示：底水要浇透，初水要根据当地的土质及墒情灵活掌握，酌情浇水，防止土壤表面板结，影响出苗。

（2）**幼苗期水分管理** 姜幼苗期植株较小，需水较少。但由于根系不发达，吸水能力差，故应小水勤浇。浇完水后中耕保墒，夏季以早晚浇水为宜，暴雨过后应该及时排涝。

> ※提示：小水勤浇，及时划锄，暴雨之后，及时排涝。

（3）**旺盛生长期水分管理** 8 月以后，植株生长开始进入旺盛生长期，地上部生长茂盛，地下部根茎也迅速膨大，此期植株生长快，对水分的需求也大。为满足植株生长对水分的需要，一般每 5~7 天灌水 1 次，入秋以后雨水也多，要注意及时排涝，姜田不能积水，防止姜块腐烂。收获前 3~4 天，再浇一遍水，使收获时姜块上带有潮湿泥土，利于下窖贮藏。

> ※提示：大水勤浇，宜在早晚。保持适度，防止积水。

### 3. 分次追肥

生姜生长期较长，极耐肥。除施基肥外，还需根据生长状况合理进行追肥。

由于发芽期主要依靠种姜养分生长，根系吸收能力较弱，并且已经施入了基肥，因此不需要再施肥。

幼苗期，植株矮小，需肥量不多，但幼苗期较长，为了使幼苗健壮生长，通常在苗高 30cm 左右并且具有 1~2 个小分枝时，进行第一次追肥，称为"小追肥"或"壮苗肥"。每亩可施腐熟的粪肥 500kg，加水 5~6 倍浇施，或用尿素 10kg，也可施磷酸二铵 15~20kg。

7 月底 8 月初植株进入旺盛生长期，此时应结合拔除姜草或拆除地膜后进行第 2 次追肥，又称"大追肥"或"转折肥"，这次追肥对促进根茎膨大并获取高产起重要作用。在拔除姜草后于姜沟北侧（东西向沟）或东侧（南北向沟）距植株基部 15cm 左右处开深沟，将肥料施入沟中，而后覆土封沟培垄，使原来姜株生长的沟变为垄，而垄变为沟，最后浇透水。一般每亩施饼肥 75kg、尿素 30kg、硫酸钾 10kg、硫酸锌 0.5kg、硼砂 0.25kg。

9 月中旬，当姜苗具有 6~8 个分枝时，也正是根茎迅速膨大时期，植株地上部生长基本稳定，生长中心为根茎。为保证根茎膨大过程的养分充分供应，可在此期进行第三次追肥，也称"补充肥"。一般每亩施硫酸铵 10~15kg、硫酸钾 15~20kg 或复合肥 25kg；追肥时，可在垄下外小沟施入，亦可将肥料溶解在水中顺水冲入。而对土壤肥力较高，植株生长繁茂的姜田，则应酌情少施或不施，以免茎叶徒长，影响养分向根茎中积累。

> ※ 栽培禁忌：施肥时期前重后轻，造成前期姜苗徒长，后期缺肥，植株枯黄早衰，产量降低。偏施氮肥，不注意磷、钾肥和其他微肥配合施用，影响养分运转，使地上茎叶旺长，而地下部缺乏营养，产量降低，品质下降。

### 4. 中耕除草

生姜属于浅根性作物，不适宜深耕。地膜栽培的生姜在撤膜前不需要中耕。露地栽培的生姜一般要在出苗后，结合浇水或雨后浅中耕 1~2 次，起保持土壤墒情，防止板结、提高地温和清除杂草的作用。

姜田除草的方法，南、北各姜区也有些不同。南方地区多采用中耕除草。中耕时要求掌握早、勤、浅、细四大要领。北方地区生姜由于苗期雨水相对较少，土壤不易板结，可用化学除草的办法，效果良好，既可以大大减轻劳动强度，节省劳力，还可以保持田间清洁，减轻病虫为害。目前在生姜田中应用的除草剂比较多，效果较好的主要有氟乐灵、草胺磷、扑草净。

### 5. 培土

生姜的根茎在土壤里生长，要求黑暗、疏松和湿润的环境，为了防止根茎膨大时露出地面，因而需要进行培土，见图 3-19。

山东各姜区，一般在立秋前后，结合大追肥和拆除姜草时，进行第 1 次培土，将原来垄背上的土培在植株的基部，变沟为垄。此后，每隔 15~20 天，结合浇水、追肥进行第 2 次和第 3 次培土，逐渐把垄面加宽、加厚，为根茎生长创造适宜的土壤环境，还可以稳定植株，防止倒伏。

图 3-19 培土

南方姜区，一般从夏至收娘姜时，开始结合中耕、除草和追肥进行第 1 次培土，共培土 3~4 次。如安徽铜陵姜区，于收娘姜后结合锄地进行第 1 次培土，7~10 天以后，再培高 10cm，经半月以后进行第 3 次培土，在每次培土时，均需注意不可伤根、伤苗。在最后一次培土时，要求培成 18~20cm 高的土埂。对埂子姜需培土 4~5 次。若收嫩姜，培土应高一些，起软化作用。若收干姜，则培土宜浅一些，使根茎粗壮。

---

※小经验：生姜培土厚度应根据需求进行。若培土浅，则姜块短、粗；若培土厚，则姜块细长。

---

### 6. 适时收获

生姜的采收方式可分为收种姜、嫩姜和鲜姜 3 种。

（1）**收种姜** 生姜与其他作物不同，种姜发芽长成新株后，留在土中不会腐烂，重量一般也不会减轻，辣味反而会增强，仍可回收食用，南方称为"偷娘姜"，北方则称"扒老姜"。一般在苗高 20~30cm，具有 5~6 片叶，新姜开始形成时，即可采收。采收方法：先用小铲将种姜上的土挖开一些，一手用手指把姜株按住，不让姜株晃动，另一手用狭长的刀子或竹签把种姜挖出。注意多挖土，少伤根。收后立即用土将挖穴填满拍实。出口创汇生姜或在生姜腐烂病严重地块不宜收种姜，而等到与收嫩姜或生长结束时随老姜一起收。

（2）**收嫩姜** 初秋天气转凉，在根茎旺盛生长期，植株旺盛分枝，形成株丛时，趁姜块鲜嫩，提前收获，谓收嫩姜。这时采收的新姜组织鲜嫩含水分多，辣味轻，含水量多，适宜于加工腌渍，酱渍和糖渍。收嫩姜越早产量越低，但品质比较好；采收越迟，则根茎越成熟纤维增加，辣味加重，品质下降，但产量提高，故应适时采收。

（3）**收老姜** 或称收鲜姜。一般在当地初霜来临之前，植株大部分茎叶开始枯黄，地下根状茎已充分老熟时采收。要选晴天挖收，一般应在收获前 2~3 天浇一次水，使土壤湿润，土质疏松。收获时可用手将生姜整株拔出或用镢整株刨出，轻轻抖落根茎上的泥土，剪去地上部茎叶，保留 2cm 左右的地上残茎，摘去根，不用晾晒即可贮藏，以免晒后表皮发皱。

# 第二节 生姜保护地绿色高效栽培技术

## 一、生姜保护地栽培的设施类型及茬口安排

### 1. 生姜保护地栽培的设施类型

生姜属喜凉蔬菜，适宜的设施类型有阳畦、小拱棚、大拱棚、日光温室等。考虑到成本问题，目前生产上常用的有小拱棚和大拱棚保护栽培，如图 3-20 所示。

图 3-20 生产上常用的竹片小拱棚和竹拱架结构大拱棚

## 2. 生姜保护地栽培的茬口安排

常见茬口见表3-1。

表3-1 生姜保护地栽培茬口

| 茬口 | 姜种处理 | 播种时间 | 收获时间 | 前茬或后茬 | 设施类型 |
|---|---|---|---|---|---|
| 早春茬 | 2月上旬 | 2月下旬至3月上旬 | 6月下旬到7月上旬收嫩姜 | 前茬为秋冬茬茄果类、瓜类蔬菜 | 大拱棚、日光温室 |
| 秋延迟 | 4月下旬至5月上旬 | 4月下旬至5月上旬 | 11月 | 后茬为冬春茬或早春茬茄果类、瓜类蔬菜 | 大拱棚 |
| 越冬茬 | 10月下旬至11月上旬 | 11月上中旬 | 翌年4—6月供应鲜姜 | 后茬为早春茬茄果类、瓜类蔬菜 | 日光温室 |

# 二、生姜保护地绿色高效栽培技术

## 1. 品种选择

生姜虽然在我国分布较广，但由于大都采用无性繁殖，其品种远不及其他蔬菜多，目前各地均以种植地方品种为主。选种时应选择植株高大、分枝少、茎秆粗壮、茎块肥大、单株生产能力强的疏苗型品种，见图3-21。

图3-21 莱芜大姜

## 2. 生姜保护地栽培管理技术

生姜保护地栽培和常规露地栽培的基本步骤是相同的，但保护地栽培也有其自身的特点，现简要介绍一下其栽培要点。

（1）**提早播种** 华北地区生姜的播种期：地膜覆盖栽培加小拱棚可在4月上中旬，塑料大棚覆盖栽培在3月中下旬，地膜覆盖加盖大棚栽培在3月上中旬，日光温室栽培在2月下旬。

（2）**种姜处理与催芽** 严格选种，淘汰瘦弱干瘪、肉质变褐或发软的姜块，选取姜块肥大、色泽鲜亮、不干缩、不腐烂、未受冻、质地硬、无病虫为害的健壮姜块做姜种。

生姜提早播种必然要提早催芽，催芽是生姜生产的一项重要技术措施，其方法很多，基本原理是保持22~25℃温度条件下催芽20~25天即可达到播种要求，且幼芽饱满粗壮。催芽时间比播期提早 25 天左右，因催芽期温度尚低，难于保证幼芽在适期萌发，故应采用加温方法催芽。常用的有火炕催芽法、电热温床催芽法和电热毯催芽法，见图 3-22。

（3）**掰姜种** 种姜催芽后姜块一般都比较大，要将大块的姜种掰成大小适宜的姜块播种，掰姜时一般选留一个短壮芽，少数可根据幼芽情况留两个主芽，将其余弱芽去除，以保证养分集中供应主芽。掰姜时按照姜块大小和幼苗强弱进行分级，见图 3-23。

图 3-22　远红外电热膜催芽　　　　　图 3-23　掰姜种和分级

（4）**重施基肥** 由于生姜保护地栽培生长期长，产量高，因此对肥料的需求量也特别大，因此要加大肥料用量，并多施有机肥。小拱棚一般每亩施用优质农家腐熟肥 6 000~8 000kg 做基肥，播种时将配方肥 20~30kg 施入沟内。塑料大棚一般冬前施充分腐熟的鸡粪 3~4m³。播种时每亩在沟底集中施用有机肥 200kg、复合肥 50kg，见图 3-24。

图 3-24　播种前施肥

> ※提示：整地前撒施辛硫磷4kg，拌土15kg，杀灭地下害虫。

（5）**宽垄稀播** 保护地栽培生姜的密度应小于露地栽培。根据农民多年实践经验，保护地栽培种植行距 60~70cm、株距 20~25cm，沟深 30cm，每亩栽植 5 000 株左右为宜。播种前 1 小时应浇足底水，但不可把垄湿透，以利操作，用平播法排入种姜，即将姜块水平放入沟内，使幼芽方向保持一致，放好姜种后用手轻轻按入泥中，使姜芽与沟面相平。种姜播后立即覆土 4~5cm 厚，然后耙平土面，见图 3-25。

（6）**除草盖棚** 生姜播种覆土后，趁土壤湿润，每亩用 1kg 除草醚兑水 20kg，均匀喷在姜沟及周围地面上。喷药时人员倒退操作，喷药后保持地面湿润。塑料大棚栽培最好在生姜整地后播种前，提早5~7 天盖棚，以利于地温提高，见图 3-26。

图 3-26　地膜覆盖加扣小拱棚栽培

图 3-25　平播法播种与覆土

（7）**温光调节**　大棚生姜栽培的温度，一般要求播后出苗前保持 25~30℃。为促进早出苗，应尽可能提高地温，因此不必进行通风。生姜出苗后，白天温度保持在22~28℃，勿高于 30℃；夜间温度保持在 15~18℃，勿低于 13℃。生姜为耐阴性植物，不耐强光、不耐高温。生姜幼苗期正处在初夏季节，阳光强烈，天气炎热，必须进行遮阴，见图 3-27、图 3-28。

图 3-27　夏季高温及时撤农膜

图 3-28　不同保护地栽培的遮阴方式

※重要提示：生姜生产需注意防治姜瘟病，该病一般从7月开始发作，高温多雨时发病重，应采取综合防治措施，如严格选种、轮作换茬等，田间发现病株及时拔除，并将病株四周0.5m内的健康姜株一并拔除。

（8）**肥水管理**　保护地生姜栽培一般出苗前为防止地温降低，不能浇水；出苗后要浇一次透水，之后始终保持地面湿润，见图 3-29、图 3-30。待 7 月中旬撤除地膜及棚膜后，其管理方法与露地相同。生姜姜苗提早生长，追肥也应适当较露地提早，生姜追肥方式见表 3-2。

图 3-29　小拱棚不同灌溉方式　　图 3-30　浇水不及时造成叶片卷曲

表 3-2 生姜保护地栽培合理追肥

| 时期 | 时间 | 施肥品种 | 施肥方式 |
|------|------|----------|----------|
| 壮苗肥 | 6 月初 | 高氮追肥：每亩 20kg | 冲施 |
| 转折肥 | 7 月下旬 | 高钾复合肥：每亩 100kg | 沟施 |
| 膨大肥 | 8 月底 | 高氮追肥：每亩 40kg | 冲施 |

※重要提示：幼苗期小水勤浇，保持土壤湿度65%~70%，夏季浇水以早晚为宜，暴雨后注意排涝，立秋后进入旺盛生长期需水较多，4~6天应浇水1次，保持土壤相对湿度75%~80%。

（9）**中耕培土**　大姜培土应因地制宜，因时制宜，以清明前后定植、地膜覆盖的大姜为例，一般培土 3 次为宜，见图 3-31。

第 1 次培土：在大姜有 3~5 个分杈，但根茎未露出地表时开始，一般在 6 月下旬，培土约 2cm 厚。

第 2 次培土：应在第一次小培大约 20 天后进行，培土厚度为 2~3cm。

第 3 次培土：又称"大培"，在第二次培土后 15~20 天进行，也就是在大暑前后，厚度以 7~8cm 为宜。这时需将原来垄上的土全部培到种植沟上，使原来姜株生长的沟变为垄，原来的垄变为

图 3-31 培土后原来的垄变为沟

沟。这一次培土非常关键，是决定姜块发育的重点。如果培土浅，则姜根茎短、粗；若培土厚，则姜块生长细长。

（10）**及时扣棚，延迟收获** 塑料大棚扣棚后，白天温度控制在 25~30℃，夜间 15~18℃，能够延迟生姜的收获期。到 11 月下旬，当大棚内白天温度低于 15℃，夜间温度低于 5℃时，生姜生长停止，应及时进行收获。收获时应选择晴天中午前后温度较高时进行，防止姜块受冻。

## 第三节 生姜集约化育苗技术

目前在生产上生姜种植还是以露地直播为主，但随着生姜全程机械化发展，生姜集约化、工厂化育苗日益重视，本节单作介绍。生姜集约化育苗首先可控制育苗环境，提高秧苗质量，利于培育无病毒优质壮苗。其次，可为姜芽生长提高生物学有效积温，促进生姜作物提前生长发育，有利于早熟栽培。最后，可有效提升生姜专业化生产水平，减少种植者姜种保存、催芽等环节，有助于提高劳动生产率，降低成本。同时，便于茬口安排与衔接，利于周年栽培。生姜集约化育苗主要包括营养钵育苗和穴盘（苗床）育苗。

### 一、营养钵育苗（图 3-32）

首先选用腐熟的腐质土或育苗基质装钵（不要太满），摆放在室外有阳光处。其次向营养钵中喷透水，用小木棍在钵中插一小洞，深度约为姜块直径的两倍。再次把带姜芽的姜块姜芽朝上放入小洞中，再用土把小洞封好，最后用塑料薄膜封盖好。

## 二、穴盘育苗（图 3-33）

### 1. 育苗穴盘

按材质不同可分为聚苯泡沫穴盘和塑料穴盘，其中塑料穴盘的应用更为广泛。穴盘的尺寸一般为54cm×28cm，规格有 32 穴、50 穴、72 穴、128 穴等几种。穴格体积大的装基质多，其

图 3-32　营养钵育苗　图 3-33　穴盘育苗

水分、养分蓄积量大，水分调节能力强，通透性好，有利于幼苗根系发育，但同时可能育苗数量少，而且成本会增加。因姜种材料体积较大，一般可选择 32 孔或 50 孔穴盘进行育苗。

### 2. 育苗基质

穴盘育苗主要采用轻型基质，如草炭、蛭石、珍珠岩等，对育苗基质的基本要求是无菌、无虫卵、无杂质，有良好的保水性和透气性。一般配制比例为草炭：蛭石：珍珠岩 =2：1：1，1m³的基质中再加入磷酸二铵 2kg、发酵的干鸡粪 2kg，或加入氮磷钾（20：20：20）三元复合肥 2~2.5kg（图 3-34）。育苗时原则上应用新基质，并在播种前用多菌灵或百菌清消毒，也可购买使用混好的商品基质。

图 3-34　调配育苗基质

### 3. 育苗设施

根据季节不同，可选用日光温室或塑料大棚育苗，在棚室内设育苗架、微喷、加温和遮光降温等设施。

### 4. 催芽室

种姜催芽可促使幼芽提前萌发，带芽种植出苗快而整齐，从而延长生长期，为提高产量奠定了基础，因而是一项非常重要的技术措施。播种后将喷透水的穴盘送进催芽室，调好温湿度和光照，促进催芽。

## 5. 播种育苗

（1）**种子处理**　为了防止出苗不整齐，通常要对姜种进行预处理，即精选、催芽等，种子经过处理后再播种。

（2）**播种**

① 装盘：先将基质拌匀，调节含水量至 55%~60%。然后将基质装到穴盘中，尽量保持原有物理性状，用刮板从穴盘一方与盘面垂直刮向另一方，使每穴中都装满基质，而且各个格室清晰可见。

② 压盘：用相同的空穴盘垂直放在装满基质的穴盘上，两手平放在空穴盘上轻轻下压，最好一盘一压，保证播种深浅一致、出苗整齐。

③ 播种：将姜种放在压好穴的盘中，使姜芽朝上放置。

④ 覆盖：播种后覆盖原基质，用刮板从盘的一头刮到另一头，使基质面与盘面相平。

⑤ 苗床准备：除夏季苗床要求遮阳挡雨外，冬春季育苗都要在避风向阳的大棚内进行。大棚内苗床面要耧平，地面覆盖一层旧薄膜或地膜，在地膜上摆放穴盘。

⑥ 浇水、盖膜：穴盘摆好后，用带细孔喷头的喷壶喷透水（忌大水浇灌，以免将姜种冲出穴盘），然后盖一层地膜，利于保水、出苗整齐。

（3）**苗期管理**

① 温湿度管理　生姜发芽出土期需要较高的温度和湿度。温度一般保持白天 23~25℃，夜间 15~18℃，相对湿度维持 95%~100%。当姜芽露头时，应及时揭去地膜。姜芽出土后必须严格控制温度、湿度、光照等，相对湿度降到 80%，及时揭盖遮阳网，并注意棚内的通风、透光、降温。夜间在许可的温度范围内尽量降温，加大昼夜温差，以利壮苗。

② 水肥管理　幼苗生长发育阶段的管理重点是水分，应避免基质忽干忽湿。浇水掌握"干湿交替"原则，即一次浇透，待基质转干时再浇第 2 次水。浇水一般选在正午前，下午 16：00 时后若幼苗无萎蔫现象则不必浇水，以降低夜间湿度，减缓茎节伸长。注意阴雨

天日照不足且湿度高时不宜浇水；穴盘边缘苗易失水，必要时应进行人工补水。在整个育苗过程中无须再施肥。此外，定植前要限制给水，以幼苗不发生姜蔫、不影响正常发育为宜。还要将种苗置于较低温度下（适当降低 3~5℃维持 4~5 天）进行炼苗，以增强幼苗抗逆性，提高定植后成活率。

# 第四节 生姜贮藏保鲜技术

## 一、生姜的贮藏条件

储藏用的姜应该是充分长成的根茎，北方地区通常在霜降前后，植株大部分茎叶开始枯黄，地下根茎已充分成熟时采收，要避免在地里受霜冻。收获生姜应选择晴天进行，一般在收获前 2~3 天浇一次水，使土壤充分湿润、疏松。收获时应尽量减少机械损伤，可用手将生姜整株拔出或用镢头整株刨出，注意不要铲断姜块，轻轻抖落根茎上的泥土，剪去地上部茎叶，保留 2cm 左右的地上残茎，摘去根，为了避免晒后表皮发皱，所以不用晾晒即可贮藏。用于贮藏的姜要严格挑选大小整齐、质量好、无病害的健壮姜块进行储藏，剔除受伤、干瘪、受冻、受雨淋和有病的姜块，因为这些姜在储藏过程中会加强呼吸作用，而呼吸作用越强，其各种生理过程变化得越快，生命终止就越早，不利于储藏。

生姜性喜温暖湿润，不耐低温，在 10℃以下易受冷害，受冷害的姜块在温度回升时容易腐烂。生姜最适宜的贮藏温度为 16~20℃，温度过高则生姜贮藏期间容易发芽，姜腐病等病害蔓延，腐烂严重。适宜的相对湿度为 90%~95%，空气相对湿度低于 90%，会因失水而干枯萎缩。同时，要经常检查是否有腐烂的生姜，若有，必须迅速清除烂姜，并撒上生石灰消毒。

## 二、生姜的贮藏方法

由于南北各地区的地理位置、气候条件的不同，其贮藏方法也有所差异，现介绍几种姜区生产中常用的贮藏方式。

### 1. 井窖贮藏法

井窖贮藏法是山东莱芜姜区常采用的方法。由于莱芜姜区地下水位较低，土质黏，姜农们利用这一特点，采用井窖贮藏取得了较好的效果。

（1）**井窖的建设** 井窖一般由井筒及贮姜洞组成，井筒的深度依地下水位高低而有所不同，北方一般 5~7m，南方 2~3m，以不出水为宜。修建井窖的方法是：先挖 1 个直径 80cm 的圆井口，随着往下挖，井筒直径逐渐扩大，至底部时直径达 1~1.5m，整个井筒呈喇叭形，方便搬运生姜。在挖井筒时，需在两侧挖坎，以便人员下井工作。井筒挖好后，在井底一侧再挖 2 个贮姜洞，洞口的高度与宽度各 80cm 左右，洞口里面随挖随向两侧及上方扩大，贮姜洞底部地势向里逐渐降低，使贮姜洞高达约 2m，宽约 2m，以便于工作。贮姜洞的长度依贮姜多少而定，一般 5~6m，这样一个贮姜洞能储存生姜11500~13500kg。为防止贮姜洞坍塌，井窖挖好后，还需要用砖石将贮姜洞的侧壁砌好，顶部也用砖石砌成拱券状，井口最好也要用砖石修砌用膜覆盖，以防雨水流入窖内，见图 3-35 和图 3-36。

图 3-35　姜窖　　　　图 3-36　用农膜覆盖姜窖防雨

（2）**入窖** 在生姜入窖前，要提前几天打开窖口通风换气，以保证窖内有适宜的温度和充足的氧气以利于人活动。另外，为了防止生姜储存过程中出现的病虫害，生姜入窖前要将窖洞进行彻底清理和消毒。具体方法是用农用链霉素和阿维菌素处理沙和姜窖的四壁，抑制病菌。每一个姜窖要准备 2m³ 的河沙，最好要用新沙，沙子要用阿维菌素处理一遍。具体方法是，用喷雾器往沙子上喷洒阿维菌素溶液，边喷洒边翻动。然后将带着潮湿泥土的姜块放入洞中。姜块可竖放，也可平放，由里及外排至洞口，排放高度以距洞顶 30cm 为宜。

（3）**入窖后的管理** 生姜入窖后暂不封口，只用席子或草苫对井口稍加覆盖。因为此时姜呼吸旺盛，释放出大量热能和二氧化碳，窖内严重缺氧，操作人员不可贸然下窖。20~25天后，二氧化碳浓度基本恢复正常时，操作人员便可下窖，用砖或土坯将贮姜洞口封住，但应保留20~30cm见方的通气孔。封洞口的时间应适当掌握，它是姜贮藏过程中的重要环节。若封口过早，姜呼吸释放的热量和二氧化碳不易散发，可能导致姜块腐烂；而洞口封得过晚，则会有冷空气侵入，姜块有受冻的危险。随着外界气温逐渐下降，井口也应适时封闭，北方多在11月上旬，南方则于12月下旬进行。用大石板盖住后，四周用土封严，若天气寒冷，其上还可加盖柴草。

### 2. 长方形卧式窖贮藏法

南方气候温暖，地下水位浅，可采用卧式窖贮藏法。卧式窖也应选择背风向阳处，先挖深2m、宽1.2m，通常以贮姜量多少而定的长方形池子，池底略斜，然后在两侧各挖一个渗水沟。贮姜时，先在池子中间每隔50~80cm竖1根竹筒，竹筒顶节不打通，但在顶节下一侧打孔，这样既通气又不易灌入雨水。之后在池底从较高的一端开始竖排姜块，每排一层，加盖一层湿润细沙，直至距地面50cm左右处，最上层盖8~10cm厚的细沙。然后架上竹竿、木棍作檩，其上铺玉米秸、稻草等作物秸秆，最后用细土封顶至高出地面。窖的一端留60~80cm作为走廊，窖口开在其上，以便操作人员出入。天气寒冷时，用稻草将窖口及竹筒口堵严。

### 3. 辐射贮藏法

生姜采收后，用1680~8400rad的 γ 射线照射，可明显抑制生姜发芽，延长贮藏保鲜期。

### 4. 坑埋贮藏法

先挖贮藏坑，深1m、直径2m为宜，上宽下窄，圆形或方形均可。以坑壁润爽、坑底无地下水为原则。坑中央立1秸秆把，以利于通风和测量温度。将经严格挑选的姜块摆放在坑内，表面覆盖一层姜叶，然后再覆盖一层土。以后随着气温下降，分次覆盖土，覆盖土总厚度最后应过60cm，以保持坑内适宜的贮藏温度。坑顶用稻草或秸秆做成圆尖形，用以防雨，四周设排水沟，北面设风障防寒。

贮藏中，既要注意防热又要防寒。在入坑初期，根茎呼吸旺盛，温度容易升高，不能一下子就将坑口全部封闭，适当留小口通风。在最初的1个月内，是姜愈伤组织老化的过程，要求保持高坑温，以 20℃以上温度为好，以后保持 15℃即可。冬季坑口必须严实，严防冷害和坑口积水。

## 5. 浇水贮藏法

姜块收获后，选水源好、略透阳光的房子或者临时搭建阴凉棚，室内地面铺上垫木，把经严格挑选的姜块整齐地装在有孔隙的筐内，将筐堆放在垫木上，堆筐 2~3 层。看气温高低每天向姜筐浇凉水 1~3 次，最好使用地下水，温度较低。浇水的目的是保持适当的低温和高湿。在浇水期，姜块会发芽，生长茎叶，有时甚至会出现秧株葱绿，茎叶高达 50cm，这属于正常情况。但若发现叶片黄萎，姜皮发红，这就是姜块腐烂征兆，应及时处理。入冬时，姜秧自然枯萎，应连筐转入贮藏库，保温防冻，可再次越冬贮藏供应到春节以后。这种贮藏方法可使姜块丰满，完整率高，但姜块会发芽，香气和辛辣味会减弱，只可作为调味品食用，不宜作为药物原料用。

## 6. 沙土层积贮藏法

利用地下天然洞或防空洞、大仓库进行贮藏，可贮藏生姜 1~2 年。在洞内地面铺一层湿沙，1 层沙 1~2 层姜，将姜块码放成 1m 宽、1m 高的长方形，最上部盖一层 10cm 厚的湿沙，然后覆盖塑料薄膜保湿，每垛堆放生姜 1250~2500kg。垛中间竖入 1 个用细竹竿捆成的直径 10cm 的通风束，并放上温度计，以测量垛温。垛的四周再用湿沙密封，封完垛后，掩好洞口或洞门，在洞顶留气孔，以便通气散热，同时注意地面切勿进水。为防止姜垛湿度过大，前半月可打开薄膜。

贮存进入愈伤期 1 周后，温度上升到 25~30℃；经 6~7 周后，垛内温度下降至 15℃，说明姜已完成后熟，姜块变黄，并有香气和辛辣味。此时不怕风，可将门窗打开，天冷时再关上。立春后，如相对湿度不足 90%~95%，可在垛顶表面洒些水。如有发芽现象，可采用通风调节；如姜垛下陷，并有异味，应检查有无腐烂。

## 7. 堆藏法

是大批量简单贮藏方法。选择贮存的仓库，大小以能散装堆放姜块 2 000kg 为宜。在 11 月上旬（立冬前），拣出病变、受伤、雨淋姜块，留下质量好的散堆在贮仓之中。墙四角不要留空隙，中间可略松些。姜堆高 2m 左右。堆内均匀地立入若干芦柴扎成的通风筒，以利通风。库温控制在 18~20℃。气温下降时,可以增加覆盖物保温;如气温过高,可减少覆盖物以散热降温。

## 三、生姜贮藏期常见病害防治

### 1. 瘟病

是一种贮藏期易传染性的病害,贮藏期间一旦条件适宜,就会逐渐传染蔓延。瘟病是生姜贮藏中的重要病害。病姜姜块灰暗无光泽,切开有黑心或黑形,颜色越深,病情越重。有时虽未发现黑心现象,但也应加强防治和管理。方法是:在贮藏前,严格清除病姜。种姜要选择健壮、发姜力强、色泽纯正、无损伤、无病斑、品种特性典型的整块生姜做种。生姜采收后置于阳光下暴晒 1~2 天,杀死病菌,晒干表皮。同时让生姜多蒸发掉一些水分,以防因水分过多入窖后发热腐烂。贮藏期间,应随时检查,发现瘟病及时清理,以免传染。

### 2. 霉菌病

在姜块茎受伤、环境又适宜的情况下容易发生霉菌病。其表现是在生姜表面出现一层黑斑块或烂皮,随着病情的发展,白霉菌和黑霉菌会逐渐向块茎内渗透。防治方法是:搞好贮藏窖的消毒。目前常用的消毒方法是烟熏,或者在窖内撒施一定量的生石灰,这两种方法简单易行,效果都很好。

### 3. 冷害

生姜贮藏中,如若控制温度不合理,冷空气突然进入贮藏环境,会使生姜在生理上发生劣变而受冻。这是一种由低温引起的生理病害。而受冷害后的生姜易出水,很快就会变质腐烂。防治方法是:随时注意天气的变化,加强防冻保暖措施。当最低气温下降到 8℃ 左右时,在姜窖上面盖上稻草保温,开始盖 5~7cm,以后随温度的下降逐渐加厚稻草,最后再盖上泥土。

# 第四章 生姜病虫草害诊断与防控技术

## 第一节 生姜病害诊断与防治技术

### 一、侵染性病害及安全防治技术

#### 1. 姜瘟病

【病原】为青枯假单胞杆菌，属变形菌门细菌。

【症状】又称姜腐烂病或青枯病，植株的根、茎、叶等部位均可染病。发病初期，植株叶片卷缩，萎蔫，无光泽，病叶由基部向上逐渐变为枯黄色，最后导致整株枯黄死亡。茎基部和地下根茎部发病初期受害处稍微变软，淡褐色，水渍状。如将病茎基部或根部横切检查，病部维管束变色，用手挤压，有污白色黏液从维管束部分溢出。发病后期，内部组织变褐腐烂，溢出灰白色汁液，残留纤维，最后凋萎并易从茎秆基部折断死亡，见图4-1。

图4-1 姜瘟病

【发生规律】该病是生姜种植区最常见，并且在我国各地均普遍发生的一种毁灭性病害。发病地块一般减产10%~20%，重者达50%以上，甚至造成绝产，对生姜的生产构成严重威胁，是制约生姜发展的重要因素。病菌主要在种姜病部或土壤内越冬，带菌的姜种是主要的侵染源，栽种后成为中心病株，生长期间借助雨水或灌溉水以及昆虫等媒介传播，病菌通常会从茎基部和生姜的自然裂口或机械伤口入侵。该病原菌存活的适温为26~31℃，温度越高，发病越快。高温、多雨病害发生严重。华北地区，一般7月开始发病，8月、9月进入发病盛期，10月天气凉爽，病情会逐渐稳定。

【防治方法】姜瘟病的发病期长，可多次侵染，病菌的传播途径也多，因此防治比较困难。目前没有理想的杀菌药剂，亦未发现抗病品种，因此，应以农业防治为主，辅之以药剂防治，切断传播途径，尽可能控制病害发生和蔓延。

（1）**农业措施** 严格进行选种，收获时在田间严格选择无病的植株留种；播种前再进行严格挑选，以防带病种姜播种。注意轮作，多年种姜的老姜田尤其是已发病的地块，最好实行 3~4 年以上的轮作。病菌在土壤温度较高、湿度较大时有利生长发育，通过流水、地下害虫等传播蔓延，因此，要加强田间管理，防治地下害虫，整地要平，注意田间排水，不能积水。多施基肥，在每次施肥时加入生物菌肥同施，能提高植株抗姜瘟病的能力，有效地抑制姜瘟病的发生和为害。一旦发现病株、病姜应立即拔除，在病穴及其周围处撒施石灰消毒，病株及病姜应集中处理，不能做堆肥。

（2）**药剂防治** 治疗该病没有很好的特效药，发病初期，可选用 72% 农用链霉素可溶性粉剂 4 000~5 000 倍液，或 1：2：（300~400）倍波尔多液，每隔 7~10 天喷药一次，连续防治 2~3 次。发现病株后将病株拔除并按照控制蔓延法处理以后，用 3% 中生菌素可湿性粉剂 1 000 倍液灌根，对治疗病害有一定的效果。

**2. 姜斑点病**

【病原】姜叶点霉菌，属半知菌亚门真菌。

【症状】又名白星病，主要为害叶片，叶斑细小，黄白色，呈现梭形或长圆形，长 2~5mm，病斑中部变薄，易破裂或成穿孔。严重时，病斑密布，全叶似星星点点，影响光合作用，植株长势减弱或停止生长，发病中心明显，见图 4-2。

图 4-2　姜斑点病

【发生规律】其分生孢子器为扁圆形或球形，黑褐色，具有孔口，当孢子成熟时随即从孔口涌出。分生孢子为椭圆形，无色、单孢，分生孢子团常呈带状或卷须状。主要以菌丝体和分生孢子器随病残体遗落土中越冬，以分生孢子作为初侵染和再侵染源，借雨水溅射传播蔓延。温暖高湿，株间郁闭，田间湿度大或重茬连作地块，有利本病发生。

【防治方法】

（1）**农业措施** 避免连作，可行的情况下实行 2~3 年以上的轮作。选择排灌方便的地块种姜，不要在低洼地种植。注意氮磷钾肥的配比施用，不要偏施氮肥，也要施磷钾肥，特别是钾肥。

（2）**药剂防治** 发病初期开始喷洒 70% 甲基硫菌灵可湿性粉剂
1 000 倍液加 75% 百菌清可湿性粉剂 1000 倍液，隔 7~10 天 1 次，
连续防治 2~3 次。

### 3. 姜炭疽病

【病原】致病菌为辣椒刺盘孢菌和盘长孢状刺盘孢菌，属半知菌
亚门真菌。

【症状】该病以为害生姜叶片为主，同时也为害其他大多数姜科
和茄科类作物。发病初期先从叶尖和
叶缘开始出现病斑，最初病斑为褐色
水浸状，后开始向内逐渐扩展成梭形
或椭圆形等褐斑，数个病斑会连成大
片病块，使叶片发褐干枯，严重影响
光合作用。空气潮湿时，表面会出现
小黑点，即病菌的分生孢子盘，见图
4-3。

图 4-3 姜炭疽病

【发生规律】病菌以菌丝体和分生孢子盘在病部或随病残体遗落
土中越冬，在南方，分生孢子终年存在，在田间寄主作物上辗转为害，
只要遇到合适的寄主便会侵染，无明显越冬期。病菌分生孢子在田
间借风雨或昆虫活动传播。病害再侵染频繁，遇适宜条件极易暴发
流行。 该病菌喜欢高温高湿的条件，病菌发育适温为 25~28℃，要
求 90% 以上的相对湿度。分生孢子扩散传播需要叶面有水滴的存在，
雨滴飞溅对分生孢子的扩散十分重要。

【防治方法】

（1）**农业措施** 首先应该坚持合理轮作，一般应轮作 2~3 年以上，
种姜收获后要彻底清除植株病残体，并进行异地烧埋处理。其次要
尽量施用农家有机肥，施用化肥必须注意氮磷钾肥的合理配比，做
到不偏施氮肥。最后要严禁田间积水，及时做好清沟排渍工作。

（2）**药剂防治** 可用 70% 甲基托布津可湿性粉剂 1000 倍液，或
75% 百菌清 1 000 倍液，或用 30% 氧氯化铜 300 倍液，40% 多硫悬
浮剂 500 倍液，于发病初期对姜株叶面喷雾防治，每隔 10~15 天喷
施 1 次，连喷 2~3 次，注意喷匀喷足。

### 4.姜叶枯病

【病原】病原为姜球腔菌，属于子囊菌亚门真菌。

【症状】主要为害叶片。发病初期叶片产生黄褐色小斑点，后又逐渐扩大成大小不等的椭圆形或不规则形病斑，病斑为黄褐色，边缘褐色。后期病斑表面生出黑色小粒点，即病菌子囊座。发病严重时，叶片布满病斑或病斑连成片，致使整个叶片变褐枯萎，见图4-4。

图4-4　姜叶枯病

【发生规律】该病属于真菌性病害，子囊座球形或扁球形，黑色。子囊圆柱形或棍棒形，内含有8个子囊孢子，子囊孢子双胞，无色，椭圆形。无性分生孢子器球形，黑色，内含分生孢子，分生孢子单胞，无色，椭圆形至卵形。

病菌以菌丝体和子囊座在病残叶上越冬，翌年产生子囊孢子，借风雨、昆虫和农事操作传播蔓延。病菌喜高温高湿条件。高温季节遇连续阴雨或重雾多露天气，有利于发病和病情发展。此外，氮肥过量、植株徒长或过密、通风不良，病害加重。连作地发病重。

【防治方法】

（1）**农业措施**　首先可以选用莱芜生姜、密轮细肉姜、疏轮大肉姜等抗病优良品种做种姜。其次应选择地势较高地块种植，精耕细翻土地，高垄或高畦栽培。重病地与禾本科或豆类作物进行三年以上轮作。配方施肥，施用腐熟粪肥。适时、适量灌水，注意降低田间湿度。收获后要彻底清除田间病残体然后集中烧毁。如果田间发病要及时摘除病叶深埋或烧毁。

（2）**药剂防治**　发病初期及时喷药防治，药剂可选用75%百菌清可湿性粉剂600倍液，或用70%代森锰锌可湿性粉剂500倍液，或用50%多菌灵可湿性粉剂500倍液，或用10%苯醚甲环唑可分散粒剂1 500倍液，或用65%多果定可湿性粉剂1 500倍液，每隔7~10天用药一次，连续防治2~3次。

### 5. 姜根结线虫病

【病原】该病的病原为南方根结线虫（*Eloidogyne incognita chitwood*），姜农又称"癞皮病""疥皮病"。

【症状】生姜自苗期至成株期均可发病，线虫主要侵染姜的根和根茎，侵染后造成根系吸收能力下降，植株发育不良，叶小，色暗，茎萎缩，分枝少。发病植株在根部和根茎部均可产生大小不等的瘤状根结，根结一般为豆粒大小，有时连接成串状，初为黄白色突起，以后逐渐变为褐色，呈疱疹状破裂、腐烂。横切根茎，横断面能看到黄色或褐色半透明圆形斑点，见图4-5。

图4-5　姜根结线虫病

【发生规律】姜根结线虫主要在土壤和病姜根茎中越冬。翌年播种后，条件适宜时，越冬卵孵化，1龄幼虫留在卵内，到2龄幼虫时从卵中钻出进入土壤。幼虫通常从姜的幼嫩根尖或块茎伤口处侵入，刺激寄主细胞增生，使之成为根结。姜根结线虫主要靠灌溉水和雨水、带病土壤、病株及带病姜种等途径传播。每年一般可发生3代。土壤温度在25~30℃，土壤湿度在40%~70%时适合线虫繁殖，当土温超过40℃或低于5℃时线虫则活动较少。

【防治方法】

（1）**农业措施**　生姜根结线虫病病原在土壤中的分布范围较广，发病周期长，防治比较困难。首先应该严格选用无病的种姜，收获后及时清除带虫残体，降低虫口密度，带虫根晒干后要烧毁或深埋。冬前深翻土壤，合理施肥，实行轮作。最好能与禾本科作物实行2~3年以上的轮作，病情可显著减轻。

（2）**药剂防治**　可结合整地采用下列药剂进行土壤处理：5%阿维菌素颗粒剂3~5kg/亩、98%棉隆微粒剂3~5kg/亩、10%噻唑磷颗粒剂2~5 kg/亩、10%克线丹颗粒剂3~4 kg/亩等。播种前在沟内使用或培土前也可施用以下药剂防治：1% 阿维菌素颗粒剂 1.5kg/ 亩、80% 二氯异丙醚乳油 3kg/ 亩。生育期间发病，可用 1.8% 阿维菌素乳油 1 000 倍液、41.7% 氟吡菌酰胺悬浮剂 0.024~0.030mL/ 株灌根（加水稀释至 400 mL/ 株），每株 25 mL，每隔 5~7 天防治 1 次。此外，40% 氟烯线砜乳油、阿维菌素 $B_2$ 等新登记或即将登记的抗线虫药剂也可对线虫防治发挥作用。

（3）**使用土壤调理剂防治** 生姜适宜的土壤 pH 值为 6.5~7.5，若土壤 pH 值低于 5，则姜的根系臃肿易裂，根生长受阻，发育不良；pH 值大于 8，根群生长甚至停止。使用土壤调理剂能够打破土壤板结、疏松土壤、提高土壤透气性。切忌使用生石灰，生石灰会严重破坏土壤团粒结构，造成土壤板结。

### 6. 姜眼斑病

【病原】致病菌为德斯霉菌，属半知菌亚门真菌。

【症状】该病主要为害叶片。发病初期叶面先出现褐色的点状病斑，后又逐渐发展成梭形，像眼睛。病斑灰白色，边缘浅褐色，病部四周黄晕明显或不明显。湿度大时，病斑两面生暗灰色至黑色霉状物，即病菌的分生孢子梗和分生孢子，见图 4-6。

图 4-6　姜眼斑病

【发生规律】病菌以分生孢子丛随病残体在土壤中越冬存活。分生孢子借助风雨传播进行初侵染和再侵染。温暖多湿的天气有利于该病发生，地势低洼，湿度大，肥料不足，尤其是钾肥偏少，容易导致该病的发生。

【防治方法】

（1）**农业防治** 加强肥水管理，增施磷钾肥，特别是钾肥。经常清沟排渍，降低田间湿度。

（2）**药剂防治** 发病初期喷 30% 碱式硫酸铜悬浮剂 300 倍液，

或用 30% 氯氧化铜悬浮剂 600 倍液，或用 77% 氢氧化铜可湿性粉剂 600 倍液、50% 腐霉利可湿性粉剂进行防治。

### 7. 姜病毒病

【病原】有黄瓜花叶病毒和烟草花叶病毒。

【症状】生姜在生产上长期采用无性繁殖，容易感染多种病毒病，感染了病毒病的生姜，优良性状退化，品质下降，一般表现为在叶面上出现淡黄色线状条斑，引起系统花叶、褪绿、叶子皱缩，严重时植株矮化或叶畸形，生长缓慢，见图4-7。

图 4-7　姜病毒病

【发生规律】病毒病主要通过种姜传播，如遇到汁液擦伤，蚜虫等昆虫可进行传播。

【防治方法】

（1）**农业措施**　对病毒病目前还没有好的药剂进行防治，生产上主要采用抗病品种及脱毒姜种。田间作业时，尽量减少人为传播。另外加强检查，在当地蚜虫迁飞高峰期杀蚜防病。同时挖除病株，以防扩大传染。

（2）**药剂防治**　1.5% 硫铜·烷基·烷醇水乳剂 500 倍液，5% 菌毒清水剂 500 倍液，2% 南宁霉素水剂 500 倍液，20% 盐酸吗啉胍·乙酸铜可湿性粉剂 500~700 倍液等。添加有机硅展着剂均匀喷雾，视病情 5~7 天喷 1 次，连续防治 2~3 次。

## 二、常见生理性病害及安全防治技术

生姜生产中常常遇到高温、肥害、营养不良等情况造成大量生理性病害，部分姜农往往当作侵染性病害来防治，不仅贻误防治时机，增加防治成本，而且造成农药残留，大大降低产品的产量和品质。下面介绍几种生产上常见的生理性病害的症状、发生原因及防治方法。

### 1. 苗期叶片畸形

症状：苗期幼嫩的新叶在出孔处扭曲不展，下一新叶也不能抽生，几个叶形成"绞辫子"状，外层叶背由于扭曲不展日灼后变白，剥开后可以看到叶的正面斑状或条状黄化，见图4-8。

【病因及发生规律】苗期叶片畸形的发生可能有以下几个方面的原因。

① 苗期干旱，气温高，浇水又不及时，高温导致。

② 未科学施肥造成。使用没有经过腐熟的有机肥，有机肥在土壤中腐烂的过程中生成有害气体，使大姜幼嫩组织受到伤害，造成叶片畸形生长。或者施肥方式不当，使幼芽受害也能造成叶片生长畸形。

图 4-8　苗期叶片畸形

③ 病虫为害造成。生姜苗期受到蓟马为害也能使叶片生长畸形。

④ 地膜覆垄不当造成。地膜覆垄的姜田，由于地膜和土垄接触不严，留有间隙，形成"小棚"，高温时气体从姜苗处外泄，对姜芽形成为害造成叶片畸形生长。

⑤ 小拱棚姜芽顶部放风不当造成。小拱棚种植，只从姜芽顶部放风的，高温时气体从姜芽顶端外窜，对姜芽形成为害造成叶片生长畸形。

【防治方法】

① 苗期合理浇水。生姜苗期一般不浇水，遇干旱年份应浇小水，使地面保持湿润，利于提高地温和降低地表以上气温。

② 使用腐熟有机肥，有机肥多时尽量撒施后耕地，种植时氮磷钾复合肥一般不超过 25kg，尽量采用沟施，施后要和土壤混合均匀，点施时将肥施到姜种之间，不能接触种子。

③ 及时防治蓟马。

④ 如使地膜覆盖尽量使地膜和垄面贴近，不留间隙。

⑤ 放风时，要在顶芽四周多做几个放风孔。

### 2. 叶片黄化

【症状】生姜生长进入"三股杈"时期后，叶片黄化，上部叶片先变黄后变白，最后干枯；根茎不膨大，根系不发达，植株矮化、瘦弱，光合作用降低，见图 4-9、图 4-10。

【病因及发生规律】叶片黄化主要由土质不良造成。地块严重缺乏有机质，种植时施肥不合理。有机质缺乏容易导致缺铁、镁、铜、锰、锌的情况发生。黄化就是叶绿体失去功能，很大原因是缺镁、铁、铜、锌、锰造成的。镁是叶绿素的成分。铁和铜是连接色素和水的中介；铁还是叶绿素与酶结合所必需的微量元素，锰是水参与光合作用的催化剂；锌是叶绿素合成过程中必需的微量元素；它们缺少任何一种叶绿素都不能合成。但是这些元素的作用大部分需在有机质的作用下才能发挥。

图 4-9　缺钙引起烂芯　　　　图 4-10　缺铁缺锌形成黄化卷叶

【防治方法】

① 使整平过的地块熟土下压，生土上浮。

② 在施肥时应多施优质土杂肥，大量补充中微量元素肥。

③ 生姜出齐苗后，结合浇水追施一次含量 10% 以上氨基酸液 2~3kg，补充有机质，叶面喷施一次 300 倍氨基酸铁，10~15 天后再次喷施。

### 3. 有机肥肥害

【症状】姜芽出苗后生长缓慢，进入生长旺期高度还不及正常苗高的 1/3。地下根茎不膨大，母姜、子姜上无根或根很少，大部分根生长在孙姜或孙孙姜上，地

图 4-11　有机肥肥害

下茎簇生，地上叶片扭曲，大部分叶片不伸展，僵硬，部分叶片黄化，见图 4-11。

【病因及发生规律】施用未腐熟的有机肥造成，尤其是施用鸡粪。粪肥在地下发酵放出氨气和亚硝酸气体伤及生姜根部，肉质根被害后腐烂，新根不能正常生长使生姜得不到养分补充形成"老苗"。

【防治方法】

① 耕地前将粪肥撒施，然后深耕细耙。

② 将有机肥充分腐熟后施于地下。

③ 及时监控植株生长状况，及时浇水。

### 4.幼芽腐烂

症状：生姜刚出芽时幼芽腐烂，幼叶黄化生长不良，见图4-12。

【病因及发生规律】生姜出苗时遇雨或浇水过后天气出现高温，地表温度过高伤及幼芽所致。

图4-12 幼芽腐烂

【防治方法】①生姜出苗时尽量不浇水或少浇水，必须浇水时要浇小水。②及时破膜放风，以防水后高温 。

## 第二节 生姜虫害诊断与防治技术

### 1.姜螟

【为害特点】属鳞翅目螟蛾科。为害时以幼虫咬食嫩茎，钻到茎中继续为害，使地上部茎叶枯萎，故又叫截虫、钻心虫、食心虫，是为害生姜的主要害虫。

【为害与诊断】姜螟成虫灰黄或灰褐色，体长 10~15 mm，翅长 25~32 mm，卵长 12.8mm 左右，宽 0.78mm 左右，淡黄色，扁平、椭圆形。卵粒表面有龟甲状刻印，卵块成 2 行排列，产于叶片背面。幼虫体长 28 mm 左右。幼虫孵化 2~3 天后，便从叶稍与茎秆缝隙或心叶侵入，咬食嫩茎和叶片，使茎空心，叶片呈薄膜状，在伤处残留粪屑。叶片展开后，呈不规则的食孔，茎、叶鞘常被咬成环痕。生姜植株被姜螟咬食后，造成茎秆空心，水分及养分运输受阻，使得姜苗上部叶片枯黄凋萎，茎秆易于折断，见图4-13。

【发生规律】姜螟一年可发生 3~4 代，世代重叠，以末代老熟幼虫在作物或杂草上越冬，翌春化蛹。成虫羽化后，白天隐藏在作物及杂草间，傍晚飞行，有趋光性，夜间交配，交配后 1~2 天产卵，每头成虫平均产卵 100~120 枚。幼虫孵化后开始咬食茎叶，华北地区一般于 6 月上旬开始出现幼虫，一直为害至收获，其中 7~8 月发生量大，为害重。

图 4-13　姜螟

【防治方法】

（1）**农业措施**　彻底清洁姜田并异地烧埋；人工捕捉幼虫或用诱虫灯诱杀成虫；用赤眼蜂、杀螟杆菌等进行生物防治。

（2）**药剂防治**　要在虫卵孵化高峰期，螟虫尚未钻入心叶蛀食之前，叶面喷洒 90% 晶体敌百虫 800~900 倍液或 5% 氟虫腈悬浮剂 3 000 倍液，或 2.5% 溴氰菊酯乳油 1 500 倍液，或 2.5% 吡虫啉 1 000 倍液，50% 马拉硫磷 1 000 倍液等，亦可用这些药剂注入地上茎的虫口。

（3）**种植诱杀作物**　可以通过在姜田周围种植诱杀作物来进行预防，钻心虫食性杂，除为害生姜外，还为害玉米、高粱等作物。根据这个特点，可有目的地在姜田周围栽植诱杀作物，待成虫产卵后，可进行药剂防治或拔除沤肥，此法必须及时采取措施，处理已产过卵的诱杀作物。

（4）**生物防治**　赤眼蜂是大姜钻心虫卵期的主要天敌。在成虫产卵初期或初盛期每亩多次放蜂 1 万头为宜，每 3 天放一次，防治效果很好。

2. 小地老虎

【为害特点】又名土蚕、地蚕，属鳞翅目、夜蛾科。经历卵、蛹、幼虫、成虫。在各地普遍发生，年发生代数随各地气候不同而异。

【为害与诊断】小地老虎是生姜出苗后最先出现的虫害种类，为害时一般于姜苗基部伤害茎髓，造成心叶萎蔫、变黄或猝然倒地。成虫体长 16~23mm，翅展 42~54mm，深褐色，卵长 5mm，半球形，幼虫体长 37~47 mm，灰黑色，蛹长 18~23 mm，赤褐色，有光泽，见图 4-14。

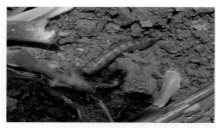

图4-14　小地老虎幼虫与成虫

【发生规律】小地老虎一年内可发生数代，以老熟幼虫及蛹在土壤中越冬。每年主要以第一代幼虫为害姜苗。成虫夜间交配产卵，卵产于杂草或贴近地面的叶背及嫩茎上，每头雌蛾平均产800~1 000粒。成虫对黑光灯、糖、醋、酒等有较强的趋性。幼虫共6龄，3龄前白天潜伏土中1.5cm处，夜间出来活动，咬食姜苗，常常是齐地咬断嫩茎。小地老虎喜温暖潮湿环境，适宜生存温度为15~25℃，若姜田周围杂草多、蜜源植物多，会引起严重为害。

【防治方法】

（1）**农业措施**　清除田边杂草，以防小地老虎成虫产卵；用诱虫灯、糖醋液等诱杀成虫；在生姜播种前，可用小地老虎爱吃的苦荬菜、白茅、苜蓿等堆放田边，诱杀小地老虎幼虫。

（2）**药剂防治**　可用90%晶体敌百虫500 mL兑水2.5~5.0kg，喷拌铡碎的鲜草30~35kg或碾碎炒香的豆饼渣或麦麸50kg，于傍晚撒在行间苗根附近，隔一定距离撒一小堆。每亩需用鲜草毒饵15~20kg、豆饼毒饵4~5kg。在1~3龄幼虫期，用2.5%溴氰菊酯3 000倍液，或90%晶体敌百虫800倍液，或50%辛硫磷乳油800倍液喷杀。

3. 蓟马

【为害特点】蓟马属缨翅目蓟马科。我国南北方均有分布，蓟马是一种食性很杂的害虫，除为害生姜外，还为害百合科、葫芦科和茄科等多种蔬菜作物，以北方作物受害较重。

【为害与诊断】蓟马的成虫和若虫均以刺吸式口器吸食植物汁液。姜叶受害后，产生很多细小的灰白色斑点，受害严重时叶片枯黄扭曲。蓟马成虫体长1~1.3mm，体色自淡黄色至深褐色，多数为淡褐色。雄虫无翅，雌虫有翅，翅淡黄褐色。卵肾形，黄绿色。若虫共分 2 龄，1 龄若虫白色透明；2 龄若虫体长 0.9mm，形态似成虫，体色自浅黄至深黄色。蛹体形似 2 龄若虫，已长出翅芽，能活动，但不取食，见图 4-15。

图 4-15　蓟马

【发生规律】华北地区每年发生 3~4 代，山东 6~10 代，北京 10 代左右，长江流域 8~10 代，华南地区 20 代以上。以成虫、若虫和拟蛹在葱属作物叶鞘内、土块、土缝或枯枝落叶中越冬，华南地区或保护地栽培无越冬现象。成虫怕光，早、晚或阴天取食旺盛，植株阴面虫量多。

气温 25℃以下以及空气相对湿度 60% 以下时有利于其发生，高温高湿不利于其为害，少量雨水对其发生无影响。一年中以 4—5 月和 10—11 月发生为害较重，应注意提前预防。

【防治方法】

（1）**农业措施**　早春清除田间杂草和残株、落叶，集中烧毁或深埋，消灭越冬成虫或若虫；栽培过程中勤灌水，勤除草，可减轻其为害。

（2）**药剂防治**　若虫盛发期，可用 25% 吡虫·仲丁威乳油 2 000~3 000 倍液或 50% 辛硫磷乳油 1 000 倍液或 10% 烯啶虫胺水剂 3 000~5 000 倍液或 21% 增效氰马乳油（灭杀毙）5 000~6 000 倍液等进行喷雾防治。喷雾时加入有机硅展着剂，视虫情间隔 7~10 天喷施一次。

### 4. 甜菜夜蛾

【为害特点】甜菜夜蛾属鳞翅目夜蛾科灰翅夜蛾属，是一种世界性分布的多食性害虫，是生姜中后期为害的主要害虫。

【为害与诊断】其幼虫对生姜的为害性最强。初龄幼虫群聚结网，在叶片背面取食叶肉，将叶片吃成空洞或缺刻，使叶片成薄膜状，严重时整个叶片被咬食殆尽。3 龄以后分散为害，幼虫有假死性，大龄幼虫食量大，可食尽姜叶，只剩叶脉和叶柄，导致植株死亡，缺苗断垄。受甜菜夜蛾为害的生姜茎秆细弱，分枝少，叶片发黄，长势减弱，姜球少而瘦。甜菜夜蛾的形态可分为成虫、卵、幼虫、蛹4个阶段。成虫为灰褐色。幼虫一般分为5龄，1~2龄幼虫群集在叶背缘卵块处吐丝结网，啃食叶肉，残留表皮。3龄后分散为害，4龄后食量大增，4~5龄为为害暴食期，取食量占全幼虫期的80%~90%。成虫昼伏夜出，白天潜伏在土缝、杂草丛及植物茎叶的浓荫处，傍晚才开始活动。在日落后的晚上18：00~20：00时为成虫最活跃的时期。大龄幼虫白天潜伏在植株的根基、土缝间或草丛内，傍晚前后移到植株上取食为害，直到第2天早晨。幼虫具有假死性，幼虫老熟后，通常在较为干燥的土表下5~10cm处作椭圆形土室化蛹。该虫有昼伏夜出的习性，在生姜上取食时间多在19：00至次日6：00,见图4-16。

图4-16　甜菜夜蛾

【发生规律】甜菜夜蛾在各地区为害程度不一，江淮、黄淮流域为害较为严重，受害面积较大。甜菜夜蛾在长江流域一年内可发生5~6代，越往南方其每年发生代数会随之增加。主要以蛹在土壤中越冬，在华南地区无越冬现象，可终年繁殖为害。

【防治方法】

（1）**农业措施**　晚秋与初冬，对土壤进行翻耕，翻出的虫蛹及时消灭，减少下代虫源。及时铲除地中、田边、田埂、地头杂草，以消灭部分越冬蛹，这样可以减少来年的发生量。及时对田间及其周围的杂草进行清除。合理进行轮作换茬，通过换茬轮作不仅可以对甜菜夜蛾的转移活动起到极大的抑制作用，还可以有效地减轻生姜各种病害的发生，特别是姜瘟病的发生。

（2）**药剂防治**　于黄昏后或早上8：00时以前喷洒80%固体敌百虫600~800倍液或10%虫螨腈悬浮剂1 500倍液、24%甲氧虫酰肼悬浮剂2 000倍液、1%甲氨基阿维菌素苯甲酸盐乳油3 000~4 000倍液。另外，甜菜夜蛾对有机磷、有机氯、菊酯类农药表现出较强的抗性，因此在使用这几类农药时要注意合理搭配，综合施用。

（3）**诱杀防治** 甜菜夜蛾的成虫具有趋光、趋化等特点，并喜欢在一些开花的蜜源作物上活动、取食、产卵，据此可以对其进行诱杀防治（图4-17）。目前，经常使用且有效的措施主要有以下几种：灯光诱杀、性诱剂诱杀、种植诱集植物、杨树枝把诱杀等。灯光诱杀通常采用20W黑光灯。

图4-17 小叶蛾专用诱捕器

（4）**生物防治** 综合运用各种措施保护、增殖、利用天敌。生物农药防治，目前较为常用的有 Bt 制剂、Bt 杀虫变种、Bt 与苏云金杆素菌混合剂等。

> ※ 重要提示：由于甜菜夜蛾一般昼伏夜出进行为害，且大龄幼虫具有极强的耐药性，因此最好在清晨和傍晚进行喷药，且必须在卵盛期至幼虫 3 龄以前进行防治。

# 第三节 生姜田间杂草防治技术

生姜种植分为覆膜种植和露地种植。由于覆膜生姜产量高，品质好，价格高，目前农业生产中主要以覆膜生姜为主。覆膜生姜膜底湿度大、温度高，杂草发生更为严重。杂草发生种类主要以禾本科杂草为主、部分阔叶杂草共同为害。露地种植生姜，杂草发生与地膜覆盖基本相同，不同之处主要表现在杂草发生数量低于覆膜生姜。

## 一、人工除草

包括手工拔草和使用简单农具除草。结合中耕培土对杂草进行防除。缺点是耗力多、工效低，不能大面积及时防除。现都是在采用其他措施除草后，作为去除局部残存杂草的辅助手段。生姜进入旺盛生长期以后，植株逐渐封垄，杂草发生量也逐渐减少，应减少中耕次数和降低中耕深度，避免伤根或使根茎展出地面。

## 二、物理除草

利用黑色除草地膜覆盖栽培生姜，可防除大部分杂草。

## 三、化学除草

在生姜田覆盖薄膜之前或覆草之前利用除草剂进行除草。33%二甲戊乐灵乳油对一年生禾本科杂草、部分阔叶杂草和莎草有效。如稗草、马唐、狗尾草、千金子、牛筋草、马齿苋、苋、藜、苘麻、龙葵等。对禾本科杂草的防除效果优于阔叶杂草，对多年生杂草效果差。试验表明乙氧氟草醚连续四年应用后，阔叶杂草数量迅速下降，野燕麦数量上升明显。利用混合制剂20%二甲戊乙氧乳油总体防除杂草效果稳定，主要采用喷雾法进行土壤处理。将除草剂按说明书兑清水配成药液。于生姜播种后，趁土壤湿润将药液均匀地喷在姜沟及周围地面上。喷药后要保持地面湿润，除草效果一般可达85%以上，对姜苗安全无害。

---

※ 提示：喷药时应注意倒退操作，防止脚踏地面破坏土表药膜，影响除草效果。

---

第三篇　大　蒜

# 第一章 大蒜生物学特性及对环境条件的要求

## 第一节 大蒜植物学特征

大蒜属于百合科葱属一至二年生草本植物，是一种耐寒性蔬菜。植株在低温长日照条件下完成花芽分化，在温暖的长日照条件下抽生蒜薹，形成鳞茎。正常自然栽培条件下，通常不开花，用蒜瓣或气生鳞茎等无性生殖器官进行繁殖。一株完整的大蒜植株由根、鳞茎、茎、叶鞘、叶身、花茎及气生鳞茎等部分组成（图1-1）。

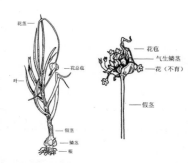

图1-1 完整的大蒜植株

### 一、根

大蒜的根是浅根性的，没有主根和侧根之分，是从蒜瓣基部的茎盘上发生的，为弦线状须根。一般为黄白色，无根毛，根群浅小，主要分布在30cm以内的耕作层里，根长25~30cm，弦线状须根根系横向开展范围较小，主要分布在以茎盘为中心、半径15cm以内的地方。大蒜的发根部位以蒜瓣的背面基部为主，腹面根量较少。

大蒜用蒜瓣繁殖，播种前蒜瓣基部已形成根的突起，播后遇到适宜的生长条件，一周内就可以在蒜瓣基部发出30多条新须根，而后根数增加缓慢，根长迅速增加。早发生的根随着茎盘的增大而逐渐衰老、死亡，被新发生的根所取代。一棵成龄大蒜植株的发根数100条左右。采收蒜薹后，根系不再增长，并开始衰老。

### 二、茎

大蒜真正的茎在地下，在营养生长时期短缩为盘状的短缩茎，即为茎盘。蒜头成熟以后，茎盘组织逐渐在高温条件下木栓化，干缩硬化，形成盘踵，成为蒜瓣的托盘，它与植物正常的茎不同，属于变态茎。茎盘木质化后有保护蒜瓣、减少水分散失的作用，所以大蒜储藏时要用完整的蒜头。茎盘基部和边缘生根，上面为叶和芽的原始体。茎节间极短，其上环生叶片，新叶生在内圈，老叶生在外圈，生长点被层层叶鞘所覆盖。在适宜条件下分化发育为花芽，从茎盘顶端抽生花茎（蒜薹）。同时内层叶鞘的基部开始形成侧芽，逐渐发育为鳞芽。随着植株的生长和叶数的增多，茎盘逐渐加粗，但生长量较小。

## 三、叶

大蒜的叶片包括叶鞘和叶身两部分。叶鞘呈圆筒形，着生在茎盘上。每一片叶均由先发生的前一片叶的出叶口伸出，许多层叶鞘套在一起，形成直立的圆柱形茎秆状，由于它不是真正的茎，故称"假茎"。叶片扁披针形，绿色或深绿色，叶面积小，叶形较直立，表面有蜡质。叶片绿色的深浅、叶片的长度和宽度、叶片质地的软硬、蜡质的多少、叶鞘的长短和粗细、叶片数目的多少以及叶片的开张程度等都与品种有关。

大蒜播种后，最先长出的1片叶，只有叶鞘，没有叶身，称初生叶。发芽叶的生长点继续分化叶片，叶片数逐渐增加。待生长点分化花芽后，叶片的分化结束，叶片数不再增加。叶与叶之间的叶鞘长度随叶位的升高而增加。一般在花茎伸出最后一片叶的叶鞘口以后，叶鞘停止生长。叶鞘的长短和出叶口的粗细，与抽取蒜薹的难易有关，叶鞘越长、出叶口越细的品种，蒜薹越难抽出。

大蒜的叶片互生，对称排列。叶片的排列方向与蒜瓣的背腹连线垂直。

## 四、鳞茎（蒜头）

大蒜的鳞茎（俗称蒜头）是由着生在每一个花序柄（蒜薹基部）的盘状茎（茎盘）的侧芽（鳞芽）发育肥大而成。鳞茎（图1-2）有几瓣至几十瓣蒜瓣组成，特殊环境条件下也可以为独头蒜。构成鳞茎的各个蒜瓣，植物学名词叫鳞芽（图1-3）。鳞芽是由叶片叶腋处的侧芽发育而成，由2~3层鳞片和1个幼芽构成。外面1~2层鳞片起保护作用，称为保护鳞片或保护叶；最里面一层是储藏养分的部分，称储藏鳞片或储藏叶。在鳞茎肥大时，保护叶中的养分逐渐转运到储藏叶中，最终形成干燥的膜，俗称蒜衣。储藏叶则发育成肥厚的肉质食用部分。储藏叶中包含1个幼芽，称发芽叶。

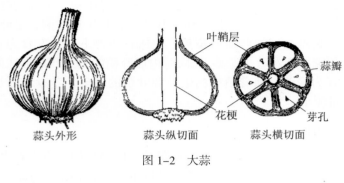

蒜头外形      蒜头纵切面      蒜头横切面

图 1-2　大蒜

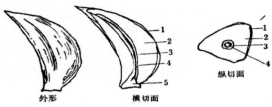

外形     横切面     纵切面

图 1-3　蒜瓣结构示意
1.保护叶；2.储藏叶；3.发芽叶；4.真叶；5.茎盘

一种蒜，每头可有 4~20 个蒜瓣，排列也不规则。鳞茎的形状有扁圆球形、近圆球形或高圆球形（图 1-4），这与品种的特性、栽培的土壤质地等有关。

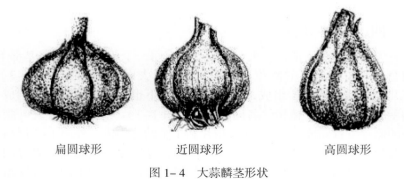

扁圆球形      近圆球形      高圆球形

图 1-4　大蒜鳞茎形状

蒜瓣有弯曲、多角、直立等多种形状，这与品种及蒜瓣在鳞茎中着生位置、发育先后和挤压程度等有关。在同一蒜头中的蒜瓣大小也因品种不同而异，有些品种蒜瓣大小比较整齐，但有些品种蒜瓣大小相差很大。

## 五、花茎

大蒜鳞茎盘顶部的生长点分化为花芽后，逐步发育成花茎，俗称蒜薹。花茎顶端的花苞称总苞。总苞成熟后开裂，可以看到许多小的鳞茎，称气生鳞茎，俗称蒜珠或天蒜。1个总苞中的蒜珠依品种而异，少者几个，多者数十个乃至100多个。蒜珠的构造与蒜瓣基本相同，也可以用作播种材料。总苞中除了蒜珠以外，还有一些小花，与蒜珠混生在一起。小花有花瓣6片，雄蕊6枚，有1枚柱头，子房3室。但花的发育多不完全，一般不能形成种子。

花茎（蒜薹）抽生于茎盘的中央。外露部分呈绿色，包藏于假茎内部的一段为白绿色或黄绿色。

## 第二节 大蒜生育周期

大蒜的生育周期是指从用蒜瓣播种发芽到收获蒜头，重新获得新的蒜瓣，进入休眠状态的整个过程（图1-5）。大蒜生育期的长短，因播种期不同而有很大差异。春播大蒜的生育期较短，仅90~100天。秋播大蒜因要经较长的越冬时期，所以生育期长达220~270天。根据大蒜在一生中的生育过程所表现的特点，无论春播还是秋播，都可分为6个时期，即大约经历萌芽（出土）期、幼苗期、鳞芽和花芽分化期、蒜薹伸长期、鳞茎膨大期和休眠期。各

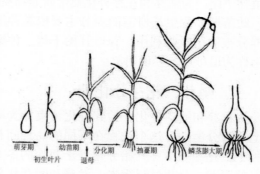

图1-5　大蒜生长发育示意

时期形态特点明显不同，但是彼此有着相互促成和制约的关系，为了取得较高的产量，需要了解并掌握不同生育期的特点，采取科学合理的措施进行栽培管理。

## 一、萌芽（出土）期

大蒜从开始萌发到初生叶片展开为萌芽期。大蒜出苗期的长短因播期、品种和土壤湿度的不同有着很大的差异。秋播大蒜需要8~20天，最多需30天，如苍山大蒜需15天，苏联红皮蒜仅需8天即可；春播大蒜一般需要7~10天。土壤的湿度对大蒜出苗期的长短有着较大的影响，播种后土壤的湿度低，蒜瓣的茎盘上只发生少数短而细的须根，吸水能力下降，发芽叶出土缓慢而且细弱，甚至有一些蒜瓣在土壤中霉烂，丧失生活力，造成出苗不齐，缺棵的现象。而播种后湿度过大也会造成相同的后果。

萌芽期中，蒜瓣基部的茎盘上发生弦线状须根，蒜瓣发芽叶中的生长点继续分化新的幼叶。

## 二、幼苗期

由初生叶展开到鳞芽和花芽分化为止，即生长点停止分化幼叶而分化为花芽，总叶片数不再增加，这个过程称为幼苗期。

春播蒜幼苗期约需25天。秋播蒜要经过漫长的越冬期，约需5个月。苗期根系连续扩展，并由纵向生长转向横向生长。新叶也不断分化和生长，进行光合作用，积累营养物质，生长发育成健壮的植株个体，为鳞芽和花芽分化奠定营养物质基础。

幼苗期大蒜生长所需的养分主要依靠种瓣储存的养分。此期随着养分被幼苗吸收利用，蒜母开始干瘪。种瓣内养分基本耗净，生产上称为退母期（烂母期）。

## 三、鳞芽、花芽分化期

从花芽和鳞芽分化开始到分化结束称为鳞芽及花芽分化期，生产上称为分瓣期。这个过程在不同的品种间有着很大的差异。秋播品种中，花芽和鳞芽开始分化处于寒冷的冬季。早熟品种，由于受低温的影响，分化过程缓慢，发芽和鳞芽从分化开始到分化结束需要的天数较多，需要 100 多天；中熟品种次之；晚熟品种最少。春播大蒜品种的花芽和鳞芽开始分化处于温度逐渐升高、日照逐渐加长的春季，分化进程加快，花芽和鳞芽从分化开始到分化结束需要的天数较少，需 15~35 天。

　　鳞芽和花芽分化是大蒜生长发育的关键时期，分化顺利与否对产量影响很大。首先在生长点形成花原始基，同时内层叶腋处形成侧芽，这时植株已长出 7~9 片真叶。出叶速度开始加快，叶面积增大，根系生长增强，营养物质积累加速，为蒜薹、蒜头的生长打下基础。

## 四、蒜薹（花茎）伸长期

　　从花茎分化结束到蒜薹采收的这一过程称为花茎伸长期。秋播大蒜品种一般需要 13~20 天，但是其中的早熟品种由于处于早春较低的温度下，所需的时间较长，需 40 天左右；春播品种一般需要30~35 天。

　　该时期的特点是生殖生长与营养生长并进，蒜薹在初期生长缓馒，而后加快。离蒜薹收获约 20 天，蒜薹开始迅速伸长。在天气温暖、土壤湿润的条件下能够促进蒜薹的生长。当蒜薹露出叶鞘（生产上称为甩尾），直到白苞（总苞转白）时采收蒜薹。从薹抽出叶鞘到收获约需 15 天。在这一阶段叶片全部长出，叶面积达到最大值。

　　在蒜薹迅速伸长的同时，蒜瓣也正在形成。老根系开始衰老，新根大量发生，由于地上部叶片和蒜薹迅速生长，全株增重最快，占总重的 50% 以上。因此在蒜薹伸长期存在着地上部生长和地下部生长、营养生长与生殖生长以及蒜薹伸长与蒜头膨大三对矛盾，三对矛盾的良好解决必须以充足的营养供应为基础。因此，在这短短一个月时间内，就是大蒜吸收水分和养分最多的时期，是大蒜肥水管理的关键时期。

## 五、鳞茎膨大期

　　从鳞芽分化结束到鳞茎成熟的过程称为鳞茎膨大期。秋播的早熟品种一般需 50~60 天，其中蒜薹收后 20~30 天为鳞茎膨大盛期。中晚熟品种需 60~65 天，其中蒜薹收后 20~25 天为鳞茎膨大盛期。

　　此期间有一段时间与蒜薹伸长期重叠，在采收蒜薹之前鳞芽膨大缓慢。采收后，叶片中的营养迅速转移到鳞芽中，鳞芽膨大加快，重量迅速增加，直到鳞茎成熟前一周，速度逐渐放慢。所以及时采收蒜薹有助于鳞茎的膨大。生长后期，营养物质逐步向下转移至鳞茎。每个蒜瓣都有数层鳞片包围，外层鳞片的养分集中向最内的1层鳞片运输。最内的1层鳞片变得十分肥厚，而外面的几层鳞片则变成干瘪的膜状。地上部分逐渐枯黄发软，重量减轻。

### 六、生理休眠期

大蒜成熟后进入休眠状态，有60~70天的生理自然休眠期。在大蒜生长的后期，叶鞘、外层鳞片的养分都转运到蒜瓣中。而本身变为包在外面的膜，可防止蒜瓣干燥失水。在大蒜的生理休眠期间，即使供给大蒜适宜的温度和湿度，蒜瓣也不会萌芽发根。休眠结束后，可以在适宜的条件下萌发、生根，但是也可人为地控制其萌发的条件，使其进入强迫休眠期，可以延长鳞芽的保存时间。通常28℃以上的高温可强迫大蒜鳞茎休眠，3~5℃较低温度维持30~40天可解除大蒜鳞茎的生理休眠。

由于品种不同，休眠期长短也有所不同。金乡大蒜休眠期较短，适宜条件下8月上旬就可萌芽生根，而苍山大蒜休眠期较长，要到9月上中旬方可萌芽发根。一般早熟的品种生理性休眠期较长，中熟的次之，晚熟品种较短。

## 第三节 大蒜对环境条件的要求

### 一、温度

大蒜是喜冷凉气候条件的蔬菜作物，发芽期和幼苗期适宜较低的温度。发芽的始温为3~5℃，发芽及幼苗期最适温度为12~16℃。此期温度过高，植株呼吸作用增强，养分消耗较多，生长受抑制。

幼苗期耐寒，可耐-7℃的低温，能耐短时间-10℃的低温。在花芽、鳞芽分化期适宜的温度条件为15~20℃，抽薹期为17~22℃，鳞茎膨大期为20~25℃。温度较低时，鳞茎膨大缓慢；温度过高，膨大速度加快，但植株提早衰老也会影响产量。鳞茎休眠期对温度的反应不敏感。但以 25~35℃的较高温度及 0℃左右的低温有利于维持休眠状态；5~15℃的低温有利于打破休眠状态，促进鳞茎提早萌发。因此，在休眠期鳞茎既耐高温，也耐低温，为了减少损耗，以储藏在 0℃左右的低温条件下为宜。

大蒜属于绿体春化型。一般在大蒜萌芽期到幼苗期，如果遇到 0~4℃的低温，经过 30~40 天就能通过春化阶段。以后随着气温升高，可抽薹分瓣。若春季播种期延迟，不能满足春化作用所需的低温，就不能形成花芽，抽薹和分瓣不能进行，以后只可形成独头蒜。

## 二、光照

大蒜生长发育要求中等强度的光照，低于果菜类高于叶菜类蔬菜。光照过弱时，叶肉组织不发达，叶片发黄，影响光合作用。大蒜不耐强光照，强光下叶绿体解体，叶组织加速衰老，纤维增多。叶片和叶鞘枯黄，鳞茎提早形成。

除了光照强度，日照长短对大蒜的正常生长也具有十分重要的意义。大蒜是长日照植物，在通过春化阶段后，需要较长的日照条件才能抽薹，并促进鳞茎的形成。长日照是鳞茎膨大的必要条件，南方的栽培品种需日照 13 小时，北方则需 14 小时。在日照时数低于 12 小时的温暖环境下栽培大蒜，只分化新叶而不能形成鳞茎。但也有早熟的品种对光周期要求不太严格。因此，在适宜弱光条件下可培育青蒜苗，而在避光的条件下可生产蒜黄。

## 三、水分

大蒜的叶片呈带状，叶面积小，表面有蜡质，可防止水分快速蒸发，使大蒜具有一定的耐旱性。但由于根系小，根毛少，吸收能力弱，所以要求的土壤湿度很严格。大蒜在不同生育阶段对水分要求有差异。播种后至出苗前，要求水分充足，这样出苗才能整齐，否则会因为土干硬，造成蒜母被根顶出干旱而死。在幼苗期同样要求保证充足的水分供应，防止因干旱导致叶片黄尖，抑制幼苗生长。但幼苗期浇水过勤，水量过大，会引起蒜母腐烂。在叶片旺盛生长期需要消耗较多的水分，浇水次数相应增加，以促进植株和蒜薹的生长发育。

　　在鳞茎的膨大期，必须满足充分的水分供应，鳞茎才可较少地承受土壤压力，使养分顺利地转运至鳞茎中。当鳞茎充分膨大，即将采收的时候，要严格控制浇水，以促进蒜头的老熟，提高其品质和耐储性。

## 四、土壤及营养条件

　　大蒜喜好富含有机质、疏松肥沃、通气良好、保水、排水和保肥性能良好的微酸性沙壤土或壤土，土壤 pH 值为 5.5~6.0 最适合大蒜种植。大蒜需肥多而且耐肥，增施有机肥有显著的增产效果。大蒜施肥以氮肥为主，增施磷、钾肥可显著增产。大蒜对硫、铜、硼、锌等微量元素敏感，增施这些微量元素有增产和改善品质的作用。大蒜苗期需肥较少，所需的营养多由母瓣供应。在叶片旺盛生长期和鳞茎迅速膨大期，需要的营养较多。

　　大蒜的根系弱，吸收力差，而需肥又多，根据这一特点，施肥时应本着多次、少量的原则，施肥后注意立即浇水，以利吸收。另外，大蒜在整个生长发育过程中需氮最多，需钾次之，需磷较少。一般每形成 100kg 蒜头产量，约需氮肥 1.42kg，磷肥 0.44kg，钾肥 0.99kg。但是大蒜的产量不同，对养分的吸收量也有一定的差异。生产上按比例适量增施肥料，可明显增加大蒜对养分的吸收，充分发挥肥效，降低成本，提高产量和效益。

# 第二章 大蒜品种的分类

我国大蒜分布地域广阔，种植区从北到南跨越了寒温带、中温带、暖温带、亚热带和热带五个气候带，在多年的栽培过程中形成了许多各具特色的大蒜品种。大蒜品种分类可参考传统分类法，主要有以下7种分类方法。

## 1．根据大蒜鳞茎外皮色泽分类（图2-1）

（1）**白皮蒜类型** 鳞茎外皮白色，植株叶片较窄，叶数较多，假茎较高，蒜头大，辣味淡，成熟晚。该类型常作青蒜和蒜头栽培，其蒜头适合腌渍。代表类型有苍山大蒜、大马牙蒜、狗牙蒜等。

（2）**紫（红）皮蒜类型** 鳞茎外皮紫红色或有紫红色条纹，植株叶片较宽，抽薹性较好。蒜瓣有大有小，辣味浓郁、品质优良，多用于蒜头和蒜薹栽培。这种类型多分布于华北、东北、西北等地，耐寒性差，适于春播。代表品种有蔡家坡红皮蒜、阿城大蒜、定县紫皮蒜、嘉祥大蒜等。

图 2-1 白皮蒜和红皮蒜

## 2．根据构成鳞茎的蒜瓣大小和蒜瓣数分类

可将大蒜分为大瓣蒜和小瓣蒜两种类型（图2-2）。大瓣蒜代表品种有苍山大蒜、开原大蒜、阿城大蒜等。小瓣蒜代表品种有白皮马牙蒜、拉萨白皮蒜等。

## 3．根据蒜薹的有无或发达程度分类

可分为有薹蒜、无薹蒜和半抽薹蒜（图2-3）3种类型。

图 2-2　大瓣蒜（左）和小瓣蒜（右）　　　　图 2-3　半抽薹蒜

4. 根据叶片的质地和空间姿态分类可将大蒜分为软叶蒜和硬叶蒜（图2-4）。

图 2-4　软叶蒜（左）和硬叶蒜（右）

5. 根据蒜秸质地分类

可分为硬秸、软秸两大类型。硬秸类型代表品种有苍山大蒜、嘉定大蒜、蔡家坡紫皮蒜和二水早等。软秸类型有徐州大蒜、金乡大蒜等品种。

6. 根据生育期长短和熟性分类

可分为极早熟、早熟、中熟和晚熟四大类型。其中，秋播蒜的中熟类型又分为中早熟、中熟和中晚熟 3 类。具体分类标准见表 2-1。

表 2-1　大蒜熟性的划分标准

| 熟性 | 秋播蒜（天） | 春播蒜（天） |
| --- | --- | --- |
| 极早熟 | ≤ 180 | ≤ 90 |
| 早熟 | 181~220 | 91~100 |
| 中早熟 | 221~230 | |

| 熟性 | 秋播蒜（天） | 春播蒜（天） |
|---|---|---|
| 中熟 | 231~250 | 101~115 |
| 中晚熟 | 251~260 | |
| 晚熟 | ≥ 261 | ≥ 116 |

### 7. 按栽培用途分类

根据产品用途可将大蒜分为蒜头用型、薹头兼用型、早薹型、蒜苗用型和加工用型 5 种类型。

（1）**蒜头用类型** 以生产蒜头为主，蒜头大，产量高，如苏联红皮蒜等。

（2）**薹头兼用类型** 蒜头较大，蒜薹品质好，产量较高，耐储存。代表品种有上海市的嘉定大蒜、陕西省的蔡家坡大蒜等。

（3）**早薹型** 出薹早，薹长，色绿，质嫩，产量高，如四川省的成都二水早等。

（4）**蒜苗用类型** 蒜瓣多，休眠期短，蒜株产量高，色鲜，质细嫩，如四川的软叶子等。

（5）**加工用类型** 适合脱水加工的品种，一般蒜瓣质地紧密，干物质含量高，适合加工脱水蒜片的品种，蒜瓣大而整齐，如山东省的苍山蒲棵、嘉祥红皮等。加工用类型中适合腌渍的品种一般蒜瓣质脆嫩、味甘，如天津市的宝坻红皮等。

# 第三章 大蒜绿色高效栽培技术

## 第一节 大蒜栽培季节与茬口安排

### 一、栽培季节与播种时期

#### 1. 大蒜栽培季节的确定

大蒜的栽培季节要根据大蒜不同的品种，在不同的生育阶段对生长环境的要求以及各地区的气候条件来确定。在北纬35°以南的地区，冬季不太寒冷，大蒜幼苗可以安全露地越冬，以秋播为主；北纬38°以北地区，冬季严寒，幼苗不能自然露地越冬，秋播容易遭受冻害，以早春播种为宜；北纬35°~38°的地区，春播、秋播均可。由于秋播生育期较长，产量明显高于春播，所以如果温度环境允许，最好进行秋播。

#### 2. 秋播大蒜播种期的确定

秋播地区的大蒜播种期主要取决于外界温度和休眠特性。播种过早，大蒜没有度过休眠期，而且外界气温较高，不利于大蒜的出苗。即使大蒜度过休眠期，过早播种，幼苗在越冬前生长过旺而消耗养分，易受冻害，还可能引起二次生长，第二年形成复瓣蒜，降低大蒜品质和商品性。播种过晚，苗小，组织柔嫩，根系弱，积累养分较少，抗寒力较低，不能确保壮苗越冬，影响大蒜的抽薹和蒜头的生长发育。所以必须控制好适宜的播种期。

从气候条件来说，秋播大蒜的适宜播种期一般为日均温度20~22℃，北方地区这一时期出现在9月中下旬，长江流域这一时期出现在9月下旬至10月中旬。从蒜种休眠状况考虑，北方地区在越冬前有35~40天的有效生长期，使幼苗长出4~5片叶，因为此时植株抗寒力最强，露地可安全越冬；长江流域地区在冬前有60~75天的生长期，使幼苗长到5~7片为宜。

由于日均温度降到7℃以下时，大蒜即停止生长，各地可根据当地气候往前推算播期，北方地区适宜播期一般在9月至10月初。秋播地膜覆盖大蒜生长势强，可以适当晚播5~10天。播种过早，地温高，出苗慢，也容易烤苗。

### 3.春播大蒜播种期的确定

春播大蒜的幼苗生长期明显缩短，所以在适宜的播种时期内，应尽可能早播，延长生长期。一般在土壤解冻正处于"日融夜冻"时，就可以播种。具体时间应掌握日均气温3~6℃。这时播种，既可以完成低温春化过程，又能保证大蒜萌芽，保证萌发期根系发育，促进花芽和鳞芽分化，为蒜薹、蒜头生长打下基础。播种过晚，生长期短，且温度高，生长点不能通过春化，易形成独头蒜，降低产量。

春播大蒜，由于生育期短，花芽分化差，抽薹率低，蒜薹发育不良，产量低，甚至不能形成商品产量。实际上，大蒜春播地区和秋播地区的划分是以露地冬季的气候条件为依据的，采用有效措施改变越冬条件，春播地区的大蒜也可以秋播，从而能较好地兼顾蒜薹和蒜头的生产。

## 二、大蒜的茬口安排

大蒜忌连作，与葱蒜类蔬菜重茬，植株细弱，叶片变黄，产量降低，还容易遭受病虫害。如果大蒜连作年限较长，会造成严重的重茬病害的发生。一般应相隔3~4年倒茬1次。

大蒜除了避免重茬外，对前茬选择不严格，在北方秋播地区大蒜以玉米、豆类、瓜类、番茄、马铃薯等比较好，春播大蒜以秋豆角、南瓜、茄果类蔬菜以及棉花、豆类等大田作物为宜。大蒜喜肥，所以施肥量较大，根系的分泌物有一定的杀菌作用，是其他蔬菜的理想前茬。大蒜也可与玉米、棉花、药材及各种蔬菜间作和套种。

# 第二节 蒜种选择与处理技术

## 一、大蒜品种选择

主要根据生产地区、大蒜的生态适应性、生产目的和市场需求等选择适合当地生产的大蒜优良品种。低温反应敏感生态型大蒜的鳞茎膨大对长日照要求不太严格，不耐寒，主要分布在北纬31°以南，在该区域秋季播种。品种主要有普宁大蒜、金山火蒜、金堂早蒜、新会大蒜等。低温反应迟钝型大蒜的鳞茎膨大对长日照要求严格，越冬期叶片生长缓慢，耐寒性强，多分布于北纬35°以北地区，在该地区以春播为主，主要品种有山西紫皮蒜、土城大瓣蒜、开原大蒜、白皮狗牙蒜、临洮大蒜、阿城紫皮等。低温反应中间型大蒜主要分布于北纬23°～39°的地域范围内，该类型品种较多，主要有改良蒜（苏联蒜）、苍山大蒜、蔡家坡大蒜、徐州白蒜、嘉定大蒜、天津红皮蒜等。

## 二、蒜种的质量要求

蒜种要求具备品种自身的典型特征，纯度应该达到98%以上，水分不高于65%。蒜头圆整、蒜瓣肥大、色泽洁白，顶芽肥壮，无病斑，无霉变，无机械损伤，无虫蛀伤口，每瓣重3.3g以上（图3-1）。选用大、中瓣作为蒜薹和蒜头生产的播种材料，剔除夹瓣和发黄、发软、虫蛀、顶芽受伤或茎盘发黄及霉烂的蒜头。种蒜瓣应该大小比较一致，播种时可按大小分级，使植株生长整齐一致，以便栽培管理。

## 三、播种前的蒜种处理

在大蒜播种前需要对种瓣进行一些处理，以促进萌芽发根，减少病虫为害。

### 1. 掰瓣去踵

应在临近播种前结合选种一起进行，不要过早，防止蒜瓣干燥失水，影响出苗。蒜瓣基部的干燥茎盘影响吸水，妨碍新根的发生。在选择蒜种的同时要将其剥掉，以利于大蒜发根和出苗。注意蒜种处理时不要剥蒜皮。去踵时不要损伤种瓣（图3-2）。

图3-1　选好的蒜种

剥除前　　　剥除后
图3-2　蒜瓣茎盘剥除示意

## 2．浸种处理

浸种属于可选技术，其方法有温水浸种、液肥浸种和药剂浸种。浸种前先将蒜种晾晒 2~3 天，温水浸种用 40℃左右温水浸泡 24 小时，其间换水 2~3 次，保持水温，捞出后晾 4 小时左右即可播种。液体肥浸种可增强种瓣活力，促进早发，植株生长健壮，具有显著的早熟增产作用。可在播前用 0.3% 磷酸二氢钾溶液浸种 6 小时，随浸随种。

药剂浸种可在种瓣传播和土传性病害严重的地区选用。药剂浸种可以结合肥水浸种一起完成，浸种液为 1 000 份水 +3 份 77% 硫酸铜钙（多宁）或多菌灵或代森锰锌或甲基托布津等杀菌剂 +3 份磷酸二氢钾配制搅匀，将剥好的蒜种装入网袋中，浸入浸种液，将放入的种子袋上部压实，确保种子浸入药液中。

一般浸种 4~6 小时，不要超过 12 小时，捞出沥干。不能马上播种时或未播完时，应摊开晾放。此种浸种方法不仅出苗率高，生长健壮，生产量明显增大，而且能有效抑制母瓣表皮内外多种病菌的滋生和蔓延，减少烂瓣，促进根系发育，从而有利于增产。

# 第三节　土壤选择与整地技术

## 一、土壤选择

大蒜根系浅，吸收能力弱，对土壤有一定要求才能达到优质高产的目的。适宜种植大蒜的土壤应该符合无公害产地环境条件的要求，尽管大蒜的适应性较强，但还是以土质疏松、排水良好、有机质丰富的沙壤土为好。因为沙壤土疏松，适宜根系发育，抽薹早，蒜头大且辛辣味浓，起蒜容易。另外选择的地块还应具有良好的灌溉和排水条件。

## 二、整地、做畦（图 3-3）与基肥施用

秋播的大蒜在前茬作物收获以后，如果距离播种时间较长，土壤处于板结的状态，要耕翻晒垡，翻耕深度一般在 10~15cm。翻耕后晒垡，时间一般在 15 天以上。如果秋季天气干旱则应抢墒翻耕。通过传统的深耕晒垡，在一定程度上能起到既能保墒，又能增加土壤通透性的作用，为大蒜吸收养分创造一个良好的生长环境。

春播大蒜地块要在冬前整地、施肥、翻耕、耙平，使之在冬季较好地经过冻融交替过程，积蓄水分、杀死病原菌、疏松土壤。大蒜的基肥施用量应根据大蒜的目标产量和形成单位产量的吸肥量等多种因素综合考虑。配合有机肥作基肥施用的化肥通常有过磷酸钙、氮磷钾三元复合肥等。在产量水平和施肥的基础上，一般要求每

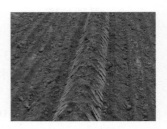

图 3-3　整地做畦

亩施标准氮肥 75kg 左右，氮肥的施用，要求 2/3 做基肥，1/3 做追肥，磷、钾肥绝大部分做基肥施用，一般每亩施过磷酸钙 30kg 左右。一般亩施充分腐熟的优质有机肥 5 000~8 000kg 或精制有机肥 400~500kg，并配合施用 50kg 氮、磷、钾三元复合肥。

地块经过耕翻之后，还要整地做畦，以便于灌溉、排水、密植及管理。做畦的形式，视当地气候条件（雨量）、土壤条件、地下水位的高低而异。常见的有平畦和高畦。为充分利用土地和田间管理，一般畦宽 1.5~2m，畦长以能均匀灌水为宜。畦面要求平整，土壤上松下实，无杂草，东西向为好。因为冬季日光入射角小，东西向畦能接受较多的阳光，有利于大蒜的越冬生长。

## 三、播种方法

大蒜播种一般适宜深度为 3~5cm。大蒜播种方法有两种：一是插种，即将种瓣插入土中，播后覆土，踏实；二是开沟播种，即用锄头开一浅沟，将种瓣点播土中。开好一条沟后，同时开出的土覆在前一行种瓣上。播后覆土厚度 2cm 左右，用脚轻度踏实，浇透水。为防止干旱，可在土上覆盖二层稻草或其他保湿材料。

注意栽种不宜过深，过深则出苗迟，假茎过长，根系吸水肥多，生长过旺，蒜头形成受到土壤挤压难于膨大；但栽植也不宜过浅，过浅则出苗时易"跳瓣"，幼苗期根际容易缺水，根系发育差，越冬时易受冻死亡。

秋播的大蒜以畦作为主，便于灌冻水和越冬管理。畦宽 1.5~2m。春播的大蒜，既可垄作，也可畦作，畦作可适当提高种植密度，提高单位面积产量，但地温低，幼苗出土慢，鳞茎发育膨大时受到的土壤压力大。

南北畦向能更好地接受阳光，使大蒜生长期间能更好地接受阳光，应尽量采用南北畦向。

大蒜播种方法因做畦方式不同而不同，有平畦播种、高垄播种、地膜覆盖畦播种等。

### 1. 平畦播种

有开沟点播和打孔点播2种方法，最常用的是开沟点播法。开沟法就是从畦的一侧按一定行距，用角锄或耧子逐条开5~6cm深的浅沟，在沟内按计划株距整齐一致地摆放大蒜种瓣，播后顺手覆土，整畦播完后再用耙子适当镇压，并顺地表耧平（图3-4）。打孔法就是在平畦做好耧平后，用耙子在畦内打孔，按计划株行距，用"蒜踏"打孔播种。"蒜踏"齿长10cm左右。齿距即是株距，播种时打孔深6~7cm，孔粗以能顺利放入种瓣为宜，播后将孔盖土填实（图3-5）。

图3-4 大蒜开沟法播种　　　　　图3-5 大蒜打孔法播种

### 2. 高垄播种

有先做垄后播种和先播种后做垄2种方法。先做垄后播种，即按整地时做的垄，在垄上按行距开2条沟，沟内按株距点播后覆土；先播种后做垄，即在整地时只将地面整平不做垄，播种时先按宽、窄行开沟。宽行距离40cm，窄行距离20cm，沟深1.5cm，按株距将种瓣摆在沟中，然后在宽行的两侧取土覆盖蒜种，做成高垄。原来的宽行变成了垄沟，原来的窄行变成了高垄（图3-6）。

图3-6 大蒜高垄播种

### 3. 地膜覆盖畦播种

采用地膜覆盖栽培时，无论是高畦还是平畦，最常用的方法是先播种后覆盖地膜。采用开沟点播或打孔点播,然后覆土盖地膜(图3-7、图3-8)。

注意播后地面要平整,土壤细碎,地膜要拉紧、铺平、周围压严实,并在萌芽出土时随时检查,及时放苗出膜。大蒜播种时应尽量避免种瓣受损伤。土壤板结坚硬或开沟深度不够时,应重新开沟或挖穴播种,切勿捏住种瓣顶部用力往土里按,以免挤压损伤种蒜而影响出苗。

图 3-7　高畦地膜覆盖　　图 3-8　平畦地膜覆盖

无论采用哪种播种方法,为了达到苗齐、苗壮,应掌握以下几点。

第一,播种沟深浅一致,蒜瓣大小一致,覆土厚薄尽量一致。沟的深度要根据蒜瓣大小作适当调整,大蒜瓣和比较长的蒜瓣,沟可稍深;短而小的蒜瓣,沟可稍浅。原则是蒜瓣顶部距土面的距离(即覆土厚度)平畦为2~3cm,高垄及高畦为4cm左右。

覆土过浅,灌水时种瓣容易被冲出土面,造成缺苗,或生根后种瓣被抬出土面(俗称"跳蒜")或离土面很近,越冬期易受冻害而缺苗,鳞茎发育期易受日晒及高温的影响,使蒜皮硬化,影响鳞茎发育,而且蒜头外皮发红,降低蒜头质量。若覆土过深则造成出苗缓慢,而且鳞茎发育期受土壤压力大,鳞茎不能充分膨大,产量降低。

第二,播种沟底部的土壤应当是疏松的,摆蒜时将种瓣轻轻按入松土中,不可用力往硬土中按,以免损伤蒜瓣茎盘的发根部位,造成缺苗。

第三,摆蒜时,应蒜瓣背腹连线与播种行的方向平行,则出苗后植株叶片的分布方向就与播种行的方向相垂直。这样可以减少叶片间的重叠,使叶片能接受更多的阳光,增加光合产物的积累。

## 四、大蒜播种密度的确定

合理的栽培密度是达到大蒜优质高产高效的关键措施之一,在确定栽培密度时,应考虑到品种特点、种瓣大小、播种期、土壤肥力程度和栽培方式等因素。

大的种瓣含营养丰富,播种后根系发达,植株生长旺盛,假茎较粗,叶片数较多,单株叶面积大,蒜头产量也较高,因此需要较大生长空间,所以大瓣种可适当稀植;小瓣种所需栽培空间较小,可适当密植。

以产蒜薹为主的大蒜品种适宜密度为每亩4万~6万株,行距14~17cm,株距7~8cm,每亩用种量为150~250kg;以产蒜头为主的大蒜品种适宜密度为每亩2.3万~2.8万株,行距18~20cm,株距12~15cm,每亩用种量为125~150kg;以蒜薹和蒜头兼收的大蒜品种适宜密度为每亩2.8万~3.5万株,行距16~18cm,株距12~13cm,每亩用种量为150~250kg。生产独头蒜播种密度一般为每亩6万株左右。

早熟品种一般植株较矮小,叶数少,生长期也较短,密度相应要大,以亩栽5万株左右为好,行距为14~17cm,株距为7~8cm,亩用种150~200kg。中晚熟品种生育期长,植株高大,叶数也较多,密度相应小些,才能使群体结构合理,以充分利用光能。密度宜掌握在亩栽4万株上下,行距16~18cm,株距10cm左右,亩用种150kg左右。

土壤贫瘠肥力差的地块,植株长势差,蒜头较小,可适当增加种植密度;土壤肥沃的地块,植株生长强,蒜头较大,可适当稀植;株型开展的品种播种适宜稀植,株型直立紧凑的品种播种适宜密植;同一品种地膜覆盖栽培应比不覆盖栽培密度小。

## 第四节 大蒜田间高效栽培管理技术

大蒜生长发育过程分为6个时期,其中5个时期是在田间度过的。各生育期有其自身的规律,对环境条件的要求也不同。生产者必须根据不同生长发育时期的特点来确定其田间管理方案和具体栽培措施。

## 一、出苗(萌芽)期管理

大蒜播种时,不同品种间出苗期有很大差异,少则7天(金堂早蒜、苏联红皮蒜、软叶蒜),多则20多天(陇县蒜、苍山大蒜、上海嘉定蒜、太仓白蒜等)。在此期间田间管理的中心任务是保证土壤中有充足的水分和氧气,为蒜瓣的萌发出土创造条件,达到早出苗、苗全、苗齐的目的。土壤干燥的,播种后立即灌水使蒜种与土壤密接,并供给萌芽所需要的水分。出苗前如果土壤表面板结,可轻灌一水;但出苗前土壤也不宜太湿,否则会因缺氧造成烂根、烂母、闷芽等情况。所以,播种后如遇大雨、田间积水时,应及时排水。

春播蒜出苗前除注意解决水气矛盾外,还应尽量提高地温以利于早出苗。所以栽种时覆土不宜过厚,浇水量不宜过大,但如覆土过浅,或浇水量少,底土坚硬,幼苗出土时容易发生蒜种"跳瓣"。如果发生跳瓣时,需要根据具体情况采取不同的做法:覆土过浅时应及时上土,水少土硬时要浇水。幼苗出土以前,地面板结,只能浇水而不能中耕过锄,以免锄伤芽鞘,影响幼苗出土。

为防除蒜地杂草,可施用化学除草剂。用33%二甲戊乐灵乳油250mL/亩,在播种后出苗前喷于畦面,然后将畦面轻耙一遍,使药液混入土壤中,以增强除草效果。地膜覆盖栽培的,播种后浇一遍水,喷除草剂于畦面,然后再铺地膜。

## 二、大蒜幼苗期的田间管理

秋播大蒜和春播大蒜幼苗期所处的环境条件不同,幼苗期的田间管理也应有所区别。

### 1. 秋播大蒜幼苗期管理

秋播大蒜的幼苗期一般是在冬季度过的,田间管理的中心任务是培育壮苗,确保幼苗安全越冬。措施是幼苗长出2~3片叶后,施提苗肥,每亩追施尿素10kg。施肥后随即灌水,然后结合中耕松土,蹲苗,使根系下扎,防止过早烂母。土壤封冻前,浇灌越冬水。有条件的地区可在灌越冬水后覆盖草粪或豆叶,保墒保温,以利于幼苗安全越冬。

### 2. 春播大蒜幼苗期管理

幼苗期蒜苗生长所需营养主要来自母瓣,所以春播大蒜田间管理的中心任务是防止提早烂母。大蒜出土以后应采取多次中耕,实现提高地温、去除杂草、保墒防碱、疏松土壤的目的。当幼苗有2~3片展叶时进行第一次中耕。这时根系向下扎,横向分布范围小,中耕不会伤根,同时可疏松土壤,提高地温,有利于根系发展和去除杂草。以后由于大蒜根系横向分布的范围加大,应浅中耕,避免伤根。

## 三、大蒜花芽和鳞芽分化期的田间管理

在花芽和鳞芽分化发育期内，种瓣中的营养物质随着幼苗的生长而逐渐减少，由开始腐烂直至完全消失（烂母）。不同品种间烂母的时期也有差异。例如，秋播地区于9月下旬至10月上旬播种的苍山大蒜，第二年3月中下旬烂母；而同期播种的苏联红皮蒜则于当年1月间烂母。春播地区的大蒜，如开原紫皮蒜，沈阳地区于4月上旬播种，播后1个半月左右烂母。所以，田间管理还要考虑当地所栽品种的烂母期。烂母期早的品种，要适当提早追肥和灌水。进入花芽和鳞芽分化发育期后，已分化的叶片加速生长，假茎继续增粗，根系生长量加大，对肥、水的吸收量逐渐增加，特别是对氮和钾的吸收量迅速增加，所以水、肥的及时供应至关重要。水、肥供应不足或不及时，会妨碍花芽和鳞芽的分化发育。

秋播大蒜于第二年春暖返青后，结合灌水施返青肥，每亩施尿素20kg或氮磷钾复合肥15kg，为幼苗返青后的旺盛生长提供充足的水分和营养，促进鳞芽和花芽分化。

春播大蒜的花芽和鳞芽分化发育期较短，烂母期也较短。追肥、灌水等田间管理要相应提前，如延误时机或水、肥供应不足，则会影响花芽和鳞芽的分化发育，不但抽薹率降低，还会增加独头蒜的比例。

## 四、大蒜花茎伸长期的田间管理

从花芽分化结束到蒜薹采收，这一生育期的长短与品种习性和温度有密切关系。

秋播大蒜花芽分化结束期一般在早春，温度低，所以花茎的伸长开始很缓慢。早熟品种一般当旬平均气温上升至5℃以上，中、晚熟品种一般当旬平均气温上升至10℃以上时，花茎伸长加快，对肥、水的需求量随之增加。花茎伸长旺盛时期，也是植株营养生长的旺盛时期，对氮、磷、钾的吸收量继续迅速上升。采收蒜薹时，平均日吸收量达最高峰。所以，花茎伸长期田间管理的重点是抓紧追肥和灌水，以满足花茎生长的需要，并为蒜头的膨大打下基础，防止蒜头肥大期缺肥及植株早衰。

田间管理措施是，当蒜薹"露尾"（总苞尖端伸出叶鞘）时，施"催薹肥"，结合灌水每亩施氮磷钾复合肥20~30kg。以后的时期土壤要

经常保持湿润状态。采收蒜薹前 3~4 天停止灌水，以免蒜薹太脆采收时折断。

春播大蒜花芽分化结束后，温度呈持续上升趋势，所以花茎伸长较快。另外，由于鳞芽的分化结束期与花芽分化结束期相近，在花茎伸长加快时，鳞芽的增长也加快，当蒜薹露尾时蒜头已开始膨大，需水需肥量大，更要抓紧追肥和灌水。

### 五、大蒜鳞茎膨大期的田间管理

采收蒜薹后，叶片的生长基本停止，鳞茎膨大进入旺盛时期，2 周后开始枯黄脱落，根、茎、叶的生长逐渐衰退，植株生长减慢。这一时期的管理重点是保护叶片、根系少受损伤，防止早衰，尽量延长叶片和根系寿命，使之继续维持其制造养分和吸收养分的功能，同时促进养分向鳞茎的转移，使蒜头肥大。

具体管理措施是，采薹时尽量少伤叶片。蒜薹采收后，及时灌催头水。要经常保持土壤湿润，降低地温。结合灌催头水，可根据土壤肥力和前期施肥情况，在肥力不足时可追施催头肥，每亩施速效化肥尿素 10~15kg、硫酸钾 5~10kg 或硫酸铵 15~20kg。同时，也可叶面喷施 0.2% 磷酸二氢钾。蒜头收获前 5~7 天停止灌水，防止因土壤太湿造成蒜头外皮腐烂、散瓣。

## 第五节 大蒜地膜覆盖栽培管理技术

覆膜栽培所生产的鳞茎头大，整齐，无畸形，蒜薹和蒜苗也显著优于露地蒜，经济效益显著提高。同时大蒜地膜覆盖栽培也为秋播大蒜解决了晚茬大蒜成熟晚、产量低、质量差以及北方干旱地区用水量大等问题。由此，大蒜地膜覆盖栽培在北方地区迅速普及起来。

### 一、地膜覆盖的方法

地膜覆盖一般有两种方法，一是播种后浇水及时盖膜法，即大蒜播种后浇水，待水渗下后，喷洒除草剂后覆盖地膜；二是先盖膜后播种法，即地膜盖好后，根据株行距用尖头木棍或铁棍等打孔，深 2~3cm，随后点种覆土。此方法适于播种晚的蒜田，是提高地温的一项措施。

## 二、栽培管理要点

北方秋播地区地膜大蒜管理要点见表 3–1。

表 3–1　北方秋播地区地膜大蒜管理要点

| 时间 | 管理技术 | 操作要点 |
|---|---|---|
| 9 月下旬 | 选择良种 | 种蒜选择与处理：种蒜是大蒜幼苗期的主要营养来源，其大小好坏，对产品器官形成的影响很大，蒜种越大，长出的植株越健壮，所形成的蒜头越肥大。因此，收获前要选头，播种时要选瓣。选择标准是：蒜瓣肥大，色泽洁白，顶芽肥壮，无病斑，无伤口的蒜瓣。每亩大田需蒜种 150kg 左右 |
| | 施足基肥 | 实施配方施肥：亩施优质厩肥 3 000~5 000kg 或腐熟的饼肥 50~100kg、尿素 20kg、磷酸二铵 30kg、硫酸钾 30kg 或 15–18–12 硫酸钾配方肥 75~100kg、生物有机肥 100kg，或用 25％~30％的生物型有机 — 无机复混肥 120~150kg，有条件的农户可亩增施 2kg 锌肥、1kg 硼肥 |
| | 土壤处理 | 每亩用敌克松或多菌灵等进行土壤消毒，防治土传病害；亩用敌百虫粉 0.5~1kg 或阿维菌素等防治蒜蛆等地下害虫 |
| 9 月底至 10 月上旬 | 精细整地 | 前茬作物收获后，抢茬耕翻，耕深达 20~25cm，耕后纵横耙细、耙平，使耕层松透，保好墒情，以利栽种 |
| | 种子处理 | 70% 吡虫啉悬浮种衣剂（高巧）50mL，兑水 1~1.5kg，拌蒜种 100~150kg，在阴凉处晾干即可播种，或用 20% 噻菌酮（龙克菌）悬浮剂 80~120 倍液，浸泡 30~50min，或用 77% 硫酸铜钙（多宁）可湿性粉剂按种子量的 0.2% 拌种，把拌好的蒜种倒入编织袋内，闷 6~8 小时，第二天播种，可有效防治大蒜根腐病 |
| | 适时播种 | 大蒜播种适温为 12~16℃，5cm 深处地温 18℃，时间为 9 月底至 10 月 10 日为适宜播种期 |
| | 合理密度 | 行距 16~18cm，株距 10~14cm，每亩株数应保持在 3 万左右。切勿播种过密或过稀，以免影响产量和商品品质 |

| 时间 | 管理技术 | 操作要点 |
|---|---|---|
| 9月底至10月上旬 | 科学播种 | 畦子宽度要根据种植方式而定，一般畦面宽 2.2m，畦高 8~12cm，耙细搂平。播深以 3cm 为宜，栽的深浅、行距、株距要均匀。同时要定向播种，即播种时蒜瓣的弓背面与腹面连线应同行向一致，以确保大蒜叶片在田间分布均匀，避免相互遮光，有利增产和田间管理 |
| | 合理浇水化学除草地膜覆盖 | 播种覆土后，用耙子轻轻耙平，然后浇透水，但水量不宜过大。播后 3~5 天内，每亩用 45% 二甲戊乐灵 150mL，兑水 50~70kg，防除杂草，喷药后随即覆盖地膜，地膜要拉平，贴紧地面，缝隙要压严 |
| | 苗期管理 | 播后 7 天，幼芽开始出土。在芽未放出叶片前，用扫帚等轻轻拍打地膜，蒜芽即可透出地膜。地面平整、播种质量高、地膜拉得紧的，通过拍打，70%~90% 的蒜芽可透过地膜，少量幼芽不能顶出地膜，可用小铁钩及时破膜拎苗 |
| 10月中旬至 12 月上旬 | 越冬管理 | 出苗后视土壤墒情和出苗整齐度可浇 1 次小水，以利苗全，打好越冬基础。若发现有蒜蛆为害，应及时用阿维菌素或辛硫磷灌根。并根据墒情，可于 11 月上中旬浇越冬水，必须浇透，越冬水切勿在结冰时浇灌。越冬期间应特别注意保护地膜完好，防止被风吹起 |
| 2月中下旬 | 防倒春寒 | "惊蛰"前，气温上升，蒜苗开始返青，在返青前后可喷 1 次植物抗寒剂，以防倒春寒对大蒜的伤害。到"春分"后，大蒜处在"烂母期"，易发生蒜蛆，注意加强防治 |
| 3 月下旬至 4 月初 | 防治葱蝇 | 防治葱蝇和种蝇，每隔 7~10 天喷药 1 次，连喷 2 次。从 4 月下旬开始防治大蒜叶枯病、灰霉病等，每隔 10 天左右喷药 1 次，提薹前喷药 2~3 次 |
| 4 月下旬 | 防治病害 | 发生大蒜叶枯病、灰霉病等，可用 50% 异菌脲可湿性粉剂 1500 倍液，或 64% 恶霜·锰锌可湿性粉剂 500 倍液或 58% 甲霜·锰锌可湿性粉剂 500 倍液。每隔 10 天左右喷 1 次，提薹前喷药 2 次以上较好 |
| 4 月底至 5 月初 | 浇水追肥 | 在"清明"以后，待温度稳定后，浇 1 次透水，结合浇水亩追施高氮高钾冲施肥 20kg，并喷施高效叶面肥。注意提薹前 1 周要停止浇水，以利于提薹 |

| 时间 | 管理技术 | 操作要点 |
|---|---|---|
| 5月上旬 | 蒜薹收获 | 当蒜薹弯钩呈大秤钩形，苞上下应有 4~5cm 长呈水平状态（称露薹）；苞明显膨大，颜色由绿转黄，进而变白（称白苞）；蒜薹近叶鞘上有 4~6cm 变成微黄色（称甩黄）时进行收获。采薹宜在中午进行，以提薹为佳，注意保护蒜叶 |
| 5月中下旬 | 膨大期管理 | 提薹以后，随之浇水 1 次，至收获前根据天气浇水 1~2 次，保持地面湿润，满足大蒜后期对水分的需要，并喷施 1 次防病药物，同时喷施叶面肥，巩固防治大蒜病害效果，确保大蒜丰收 |
|  | 防治虫害 | 蒜蛆：结合浇水，亩冲施 50% 辛硫磷乳油 1kg 或 5% 阿维菌素颗粒剂 3kg |
|  | 蒜头收获 | 一般采薹后 18 天左右收获，即当蒜叶枯萎，假茎变干变软，如把蒜秸在基部用力向一边压倒地面后，有韧性，此时可以收获。收获后立即在地里用叶盖住蒜头晾晒 3~4 天，注意防止淋雨 |

# 第六节 大蒜收获与采后处理技术

## 一、蒜薹收获与采后处理技术

### 1. 蒜薹收获时期的确定

蒜薹长成后应及时采收，终止蒜薹生长所需的营养供应，使植株的养分向蒜头运输。采薹时期过早或过晚对蒜薹的产量、品质和储藏影响较大。采薹过早，蒜薹短细，产量低，品质差，而且太嫩的蒜薹在储藏过程中容易失水萎蔫；采薹过晚，不但会消耗植株过多的养分，蒜薹的纤维组织含量增多，组织老化，降低了蒜薹的营养和食用价值，同时也会影响蒜头的产量。

蒜薹顶部弯曲如"称钩"状，总苞下部变白时为蒜薹最佳收获期。另外蒜薹采收时期还应根据栽培目的灵活掌握，以蒜薹提早上市为目的时，可在蒜薹顶端（不包括总苞部分）高出最后一片叶的叶鞘口7cm、蒜薹顶部未弯曲时采收；以提高蒜薹产量为目的时，可在蒜薹高出最后一片叶鞘口15cm左右，上部向下弯曲时采收。

采收时要尽量避免叶片或叶鞘倒伏，以免影响养分的制造和输送，降低蒜头的产量。蒜薹拔出以后，折倒上部的第一片叶子，覆盖住露口，防止雨水进入叶鞘内，使伤口腐烂，影响植株生长和蒜头膨大。

### 2. 蒜薹采收方法

蒜薹采收前3~5天停止浇水，选择在晴天上午、中午以后采薹，因为这时植株经过上午的蒸腾失水后，有些萎蔫，韧性增加，脆性减少，蒜薹容易采出而不易折断。双手提薹，手抓住蒜薹在顶叶的出口处，用力均匀向上拔，即可顺利抽出。对难提的品种，抓薹的位置略微下移，带1片叶，或用手在蒜薹基部捏一下，即可抽出。也可以用专门小工具采收蒜薹，效率高（图3-9、图3-10）。

图3-9 采收好的蒜薹　　　　　　图3-10 专用收蒜薹小工具

### 3. 蒜薹收后处理

采收后去掉包裹蒜薹叶鞘，剪去基部纤维化部分，剔除伤、烂、薹苞过大、过细的蒜薹。打捆时薹苞对齐，用软质绳捆系，每捆0.5~1.0kg，捆系后摆放在阴凉处。堆放高度不超过1m,应防止日晒、雨淋。捆好后的蒜薹可以装袋，为尽快进入储藏保鲜做好准备。

## 二、蒜头收获和处理

### 1. 蒜头收获

一般蒜薹收获后18~20天，植株基部叶片大部分变黄干枯，只有上部3~4片灰绿色叶片；假茎变软，外皮干枯，此时为蒜头最佳收获期。蒜头收获前 3~5 天停止浇水，收获蒜头的早晚对蒜头的产量和品质影响较大。过早收获，蒜头嫩而水分多，组织不充实，不饱满，晾干后易干瘪，产量降低，质量较差；收获过晚，蒜头容易散头，收获时蒜瓣易散落，而且蒜皮易出现灰色或霉变，失去商品价值，因此要适时收获蒜头。当然，如果市场价格较高，也可提前收获，以获得较高经济效益。

收获时为减少蒜头损伤，最好用铁叉或铁锹轻轻一掘，松动土壤，然后即可用手拔出。山东省金乡县农民自制挖蒜工具（图 3-11），省时省力。收蒜时要轻拿轻放，避免磕碰，以免蒜皮、蒜瓣受到机械损伤。出口蒜头可以在起出蒜时，在田间随即去泥，削去根须（图3-12）。

图 3-11　挖蒜铲

图 3-12　削去根的大蒜

## 2．蒜头收后处理

起出的蒜头可以在田间晾晒，必须后一排的蒜叶搭在前一排的蒜头上，一排排摆放好，只晒叶不晒头。在晾晒过程中，蒜叶、假茎中剩余的养分还可缓慢地流向蒜头。在田间晾晒 2~3 天后，运到通风阴凉干燥处，将蒜头捆把、编成蒜辫或堆成垛，蒜叶朝里，蒜头朝外，码成直径 1.5m、高 1.5m 的圆垛，这样有利于蒜皮内剩余的养分流向蒜头，使蒜头更加充实，硬度更大，重量增加。如遇雨要加盖防雨膜，待蒜头外皮晾干（需 20~30 天），便可剪下蒜头（留约 2cm 叶鞘），装入编织袋或条筐、板条箱，在荫棚下或通风良好的室内堆码，进行常温预贮藏，直到休眠期结束前 10 天左右时间，再入冷库贮藏。

## 第七节 蒜苗高效栽培技术

青蒜（蒜苗）是大蒜的青苗，植株是由根、茎、叶等组成，是以鲜嫩翠绿的蒜叶和洁白嫩脆或白嫩透红的假茎作为食用器官的重要蔬菜，也作为调味品，一年四季均可生产。由于生长季节和上市时间有所不同，北方有立冬前上市的早蒜苗和早春上市的晚蒜苗；南方有9月中下旬上市的火蒜，10月下旬至12月下旬上市的秋冬蒜，1~2月上市的春蒜以及4~5月上市的夏蒜等4种类型。其中北方的早蒜苗和晚蒜苗分别相当于南方的秋冬蒜和夏蒜。通常有露地栽培和保护地栽培两种形式。

# 一、青蒜（蒜苗）露地高效栽培技术

### 1. 选茬、整地与基肥施用

栽培青蒜一般以蔬菜、瓜类、豆类和麦茬作为前茬，北方早蒜苗的前茬是小麦、豌豆、早黄瓜、西葫芦、早豆角及冬莴苣等，晚蒜苗与常规栽培大蒜的茬口基本相同。南方火蒜的前茬多为夏蔬菜、叶菜、瓜类和豆类，秋冬蒜和春蒜与常规栽培茬口相同。

青蒜适宜密植，需肥量较大，生长期短，要在短时间内生长发育成较大的个体。在耕翻整地之前，每亩施腐熟厩肥4 000~5 000kg，三元复合肥25~30kg作为基肥。

在前茬作物收获后，及时施基肥，深翻，耙碎整平，然后开沟做畦，一般畦宽2m，埂宽30cm、高20~30cm。一般北方干旱地区做成平畦，南方雨涝地区做成高畦。

### 2. 品种选择与蒜种处理

（1）品种选择 早青蒜栽培应选用休眠期短、萌芽发根早、幼苗生长快、假茎粗而长、叶片宽大肥厚、蜡粉少、黄叶和干尖现象轻、抗病性强的早熟品种。晚青蒜栽培品种选择范围较广，不受早熟性限制，可与当地大蒜主栽品种相同。在天气炎热的南方所选用的大蒜品种需要具有耐高温、耐干旱的特点，而在高寒地区选用的大蒜品种需要具有耐寒性的特点。目前，适合秋播地区的品种有软叶蒜、彭县早熟、二水早、普陀蒜、蔡家坡红皮蒜、耀县红皮蒜、云顶早蒜、陆良蒜、嘉定白蒜、太仓白蒜、徐州白蒜、苍山大蒜等；适合春播地区的品种有白皮狗牙蒜、格尔木白皮蒜、阿城紫皮蒜、阿城白皮蒜、土城大瓣蒜、土城小瓣蒜、海城大蒜等。

（2）**蒜种处理** 主要包括剥瓣分级、打破休眠和药剂处理等几个方面。

选择蒜头大、排列整齐的蒜头，剥下蒜瓣，去除茎踵，然后根据分级标准，将种瓣分成三级（一级单瓣重4~5g，二级单瓣重3g，三级3g以下）播种。这样能保证种蒜出苗整齐，便于管理，分批采蒜苗上市。早青蒜生产与蒜头和蒜薹生产相结合时，将大瓣和中瓣用于蒜头和蒜薹生产，小瓣蒜留作青蒜生产。

早青蒜播种早，播期在7—8月夏季高温季节，蒜种的生理休眠期尚未结束，若不经过特殊处理直接播种，发芽缓慢，甚至有些种瓣由于长期不发芽而腐烂，导致出苗不整齐，即使出苗后植株生长也不健壮。因此需要人为打破休眠，不仅可以早播早出苗，促进生长进程，从而早收获，早上市。打破大蒜休眠的方法有如下几种。

一是低温冷凉处理。在播种前20天左右，将选好的种瓣放在清水中浸泡12~18小时，捞出沥干水，铺放在温度10~15℃的山洞、防空洞、窑洞或地窖的潮湿地面上，土壤潮湿程度应掌握至手捏成团，落地即散为宜，若土壤湿度不够应先洒水。铺放厚度7~10cm。每隔3~5天翻动1次，使蒜种受湿均匀，发根整齐。在冷凉湿润的条件下，经20~30天，大部分蒜瓣长出白根，即可播种。催芽时先用杀菌剂如70%多菌灵可湿性粉剂1 200~1 500倍液或75%百菌清可湿性粉剂500~700倍液喷洒洞四周消毒，然后再均匀喷施在蒜种上，用量以潮湿而不滴水为宜。

有条件的也可采用冷库等进行低温催芽。将种蒜先用清水浸泡12小时，捞出沥干水，放在冷库里；经0~5℃低温处理20~30天即可打破休眠，促其生根发芽。在冷储过程中要经常翻动蒜种，并适度淋水，使其温、湿度均匀，出苗整齐一致。

还有一种方法是用清水浸泡蒜种24小时，然后平铺放在潮湿的地面上，上面盖一层湿草进行催芽。种蒜进行催芽时最好结合药剂处理，从而更好地防止病害发生。

**3. 适期播种、合理密植**

适期播种是为了提早上市，延长市场供应时间，获得较高经济效益。栽培时期根据不同地区的气候条件而有所不同。北方秋播蒜区分两个时期播种：一是早蒜苗（夏末初秋播种），一般在 7 月下旬至 8 月上中旬播种，10 月上旬至 11 月上旬上市；二是晚蒜苗（秋播），一般在 9 月上旬前后播种，"元旦"后陆续上市。南方青蒜可分 4 个时期播种：一是火蒜，在 7 月下旬至 8 月上旬播种，国庆节前开始上市；二是秋冬蒜，8 —9 月播种，10 月陆续上市供应至"春节"；三是春蒜，9 月下旬至 10 月播种，"元旦"开始上市供应至春季 2 —3 月；四是夏蒜，翌春 2 月上中旬播种，4 —5 月上市。春播地区的早青蒜播种以土壤解冻为限，一般在 3 月中下旬至 4 月上旬播种；晚青蒜在 5 月下旬至 6 月中旬播种，在深秋至冬初上市。

　　青蒜的播种密度应根据播种时期、品种特点、蒜瓣大小和生长期长短等来确定。一般早青蒜生长期较短，播种密度应高些，晚青蒜的生长期长，可适当稀植。种瓣小的应密植，种瓣大的适当稀植。早青蒜一般行距为 10~12cm，株距 3~6cm，每亩 12 万 ~16 万株；晚青蒜一般采取宽行密植，如行距可以 15~20cm，株距 3~5cm，每亩 10 万株左右。如果青蒜的栽培密度稀，产量就会降低，栽培密度增高不仅使青蒜产量高，同时因竞争阳光向上生长，假茎增长，植株脆嫩质量好。

　　南方火蒜和北方早蒜苗播种时正处于高温季节，播前先将畦面浇水充分，待表土疏松时即可播种，且播种要浅些，以利出苗。第二天清晨再浇水，上面撒一薄层熟土后盖一层 3cm 左右厚麦秸，以利保墒降温，接着搭架遮阴，能有效保持土壤水分，降低地温，防止雨水冲击，确保出苗生长。

　　秋冬蒜和春蒜及北方的晚蒜苗播种期较晚，不受高温干旱气候的影响，播种时开沟浅播，覆薄层熟土，浇足底水后，再盖一层 3~5cm 厚麦秸、玉米秆或稻草等。夏蒜同北方的春播蒜一样播种。

　　青蒜播种一般有两种方法，一种是直插法：下雨后或浇水后土壤湿润时，先把蒜种撒到畦内，然后按一定株行距和方向摆放种瓣，并将种瓣轻轻按入土中，深度以蒜瓣顶端与地面平齐。播种时种瓣的背腹连线与行向平行，而且相邻两行蒜瓣交错栽种。这样出苗后叶片就向行间伸展，可以充分利用空间接受阳光，增强叶片光合作用。利用这种播种方法省工，播种质量高，生长的青蒜顺直，商品性好。

另一种为开沟播种法：用锄头等开沟器按一定的行距开浅沟，将蒜瓣按一定的株距和方向（方向同直插法，背腹连线与行向平行）点播在沟中，播后用耙子背平沟，覆2cm左右的土，浇透水。

青蒜开沟播种一般适宜深度为3~5cm。栽种过深，根系吸收水肥多，生长旺盛，但是出土缓慢，整齐度差，采收期不能集中；栽植过浅，出苗时容易出现"跳瓣"，幼苗期根际容易缺水，根系发育不良，影响生长。

### 4. 田间高效管理技术

种瓣播种后，为促进其早发芽，快出苗，确保苗齐、苗全、苗壮，必须抓好遮阴降土温、浇水增墒和病虫草害防治等工作。

大蒜出苗温度要求较低，高温下出苗慢且差，容易烂种，故火蒜播后畦面除盖秸草外，还要搭弧形棚架遮阴，棚架高60~100cm，覆盖草帘或遮阳网，尤以遮阳网成本较低、经久耐用、通透性好、管理方便。覆盖物要坚持每天白天（除阴天外）覆盖夜晚揭除，暴雨时盖上以防冲刷，直至出苗为止（8月底至9月初）。畦面盖的麦秸不必揭除，待青蒜采收后翻入土中培肥土壤。

火蒜、秋冬蒜和北方的早蒜苗播种出苗阶段，正值高温干旱季节，虽采取覆盖遮阴措施，但土壤水分蒸发量仍很大。故在播后苗前，要求每隔2~3天浇小水1次，直至齐苗为止。火蒜浇水要求每天趁早、晚凉时进行，尽量浇冷水，直至出苗。每次浇水要适量，不能使土壤过湿，否则在高温烈日下容易引起烂种、蒜苗发黄，影响青蒜的产量和质量。因此，浇水要轻浇、勤浇。

火蒜在齐苗至采收前，需2~3次水，每次每亩追施尿素5~10kg。第一次在齐苗后，第二次在苗高7~10cm时，最后一次在采收前7~10天，苗高15cm左右时。每收割一刀都要浇水并追施少量尿素。如果基肥足，并不断追肥，可延续收割至"春节"。

秋冬蒜待幼苗2~3片叶时，结合浇水每亩追施尿素2.5kg，以促早发、快长、健壮。在深秋要注意防治蒜蛆为害。

春蒜在肥水管理和蒜蛆防治上基本同秋冬蒜，应在越冬前浇一次防冻水，然后覆盖稻草或圈粪，也可以扣小拱棚。返青后，及时浇返青水，并追一次返青肥，可每亩施尿素15kg左右，以促进青蒜的快速生长，获得高产优质的青蒜。

北方的早蒜苗在齐苗后，先浅锄地，后追施提苗肥。结合浇水每亩追施尿素 10~15kg，以后视苗情及时追肥浇水。蒜苗基本出齐、叶片还未展开时，先浇提苗水 1 次（要求浇足浇透，直至收获前不再浇水），待水渗下后，撒盖一层 5cm 左右厚的沙土或腐熟的厩肥、碎草等；如果蒜苗生长健壮，可覆第二次土，促使蒜白（叶鞘）不断伸长生长。晚蒜苗同秋播蒜一样管理，并注意冬季防寒保暖等工作。

### 5. 采收技术

可以根据市场行情或需要陆续分批采收，一般当蒜苗具有 4~5 片嫩叶、苗高 20cm 以上就可以采收。在气温适宜、肥水条件良好的情况下，播种后 50 天左右即可采收。

青蒜收获时通常使用挖收法。一次连根挖起，去除根部泥土和下部黄叶后，扎成小捆上市。采收较早的青蒜也可以用割收法，第一次采收就像割韭菜一样收割蒜苗，具体方法是在离地面 1cm 处用刀割苗。刀割一茬后，待刀伤愈合后及时追施适量尿素，养好下茬青蒜。第二次采收时再用挖收法，连根挖起。

## 二、青蒜（蒜苗）设施高效栽培技术

北纬 38° 以北地区，露地秋冬不能进行青蒜生产，需要在保护设施内进行栽培。青蒜设施栽培方式主要有日光温室、拱棚、塑料阳畦和利用地热线加温的温床等栽培。小规模青蒜栽培可利用温室后墙部分或其他空地，放置木箱、竹筐等进行青蒜种植；大规模青蒜栽培可在温室内做畦专门生产青蒜，或在温室内搭架进行立体栽培。无论采用哪种方式，都需要掌握以下技术要点。

### 1. 栽培品种选择

青蒜为密植栽培，因此应选择蒜头大、蒜瓣多而均匀、休眠期短、生长迅速、假茎长、不易倒伏、叶片肥厚的品种，如苍山糙蒜、永年白蒜、白马牙蒜等。

### 2. 播种时期的确定

由于在设施保护地条件下可以创造出青蒜生长所需的适宜条件，所以生长较快，生长期短，可以随时播种，因此一般按市场需求时间播种，可以根据青蒜收割的第一刀向前推 1 个月左右。一般从 9 月上旬至春节前后播种，可以生产 4~5 茬蒜苗（表 3-2）。

表 3-2　设施青蒜栽培播种收获时期

| 播种时期 | 收获上市时期 | 生长期 | 收割次数 |
|---|---|---|---|
| 9 月上旬 | 国庆节、中秋节 | 40~60 天 | 2~3 |
| 10 月中旬 | 11 月上旬至下旬 | 20~40 天 | 1~2 |
| 11 月末 | 12 月中下旬 | 20~35 天 | 1~2 |
| 1 月初 | 1 月底 | 25 天左右 | 只割 1 刀 |
| 1 月底 | 春节前后 | 20~25 天 | 只割 1 刀 |

### 3. 整地施肥、做畦（床）

在温室或拱棚大规模栽培，需要整地做畦，通常先施足基肥，每亩施用充分腐熟的农家肥 5 000kg、硫酸钾 20kg、三元复合肥 50~100kg，再将地深翻，使肥料与土充分混匀。做成 1.5~2m 的畦。

在温室搭架进行立体栽培时，可以用木杆、砖、塑料薄膜、铁丝等材料在温室前、中、后搭架成床。根据高度可搭 2~3 层架床。在搭好的架床上铺一层 6cm 左右厚的秸秆，其上覆一层塑料薄膜，以防止漏水。膜上铺 7cm 左右厚的营养土。

### 4. 蒜种选择与处理

播种前先进行选种，剔除受伤、发病、发霉、有虫伤等的蒜头、蒜瓣。将选好的种蒜剪去蒜的假茎和根须，剥去部分外皮，露出蒜瓣，放在凉水中浸 24 小时左右，然后去掉茎踵，抽掉残存的花茎，准备栽种。可以按蒜头或蒜瓣的大小分级，分别栽到不同畦或栽培床的不同部位，以便出苗整齐。必要时需要进行浸种和低温催芽，以打破休眠，促进发芽出苗（具体方法参见青蒜露地栽培技术）。

### 5. 播种方法

有蒜头密栽法和蒜瓣条播密栽法两种播种方法。

（1）**蒜头密栽法**　将整个蒜头紧密地排列在栽培床（种植畦）上，蒜头之间的空隙用散蒜瓣填充，播种时蒜头要排列整齐，顶部要平齐，摆完后覆盖 3~4cm 厚的沙土壤，并拍实压平。

（2）**蒜瓣条播密栽法**　按一定株行距在畦内开沟摆蒜。具体方法是：用锄头或小型开沟机械开一浅沟，将种瓣按同一方向（同露地栽培开沟播种法）点播沟中。将蒜瓣按大、中、小分级，分别种植在不同的畦中，一般畦宽 120~150cm，株行距为（3~4）cm×（13~15）cm，或株行距为 5cm×6cm，播种深度一般 3~4cm，播种后覆土 2cm 左右，踏实后浇透水。

### 6. 播种后管理

（1）**温度管理** 青蒜生长的适宜温度为 18~22℃，设施保护栽培要经常保持棚膜清洁，提高透光性，增加热量来源，保持棚内温度。出苗前要保持稍高的温度，一般白天在 25℃左右，夜间在 18℃左右，床温维持 20℃左右，以促进早发芽；出苗后为了使青蒜生长健壮，白天温度保持在 18~22℃，夜间在 16℃左右；收获前 5 天温度可降低，白天温度为 16℃左右，夜间温度在 12~14℃。

温度控制要严格，若温度过高超过 26℃，蒜苗生长快，叶尖细而黄绿，严重时叶失水萎蔫，质量差，产量低；若温室温度低于 15℃，蒜苗生长缓慢，叶易黄尖，影响产量和质量。若白天和夜间温度一致，蒜苗虽然生长较快，但是叶色较淡，产量也不高。

（2）**肥水管理** 青蒜从栽种到收割需浇 3~4 次水。栽后即浇 1 次透水；苗出齐，6~9cm 高时，在畦面撒 2cm 厚细沙，浇第 2 次水；收割前 3~5 天浇第三遍水，浇水量逐次减少。如果青蒜连续收获，第一次收割后苗床覆细沙，待伤口愈合长出新芽后再浇水。

青蒜生长期间一般不追肥，苗期间隔 7~10 天，叶面可喷施 0.1% 磷酸二氢钾或 0.2% ~0.3%尿素水溶液。

### 7. 采收

温室架床式设施栽培青蒜，如果温度、水分管理得当，20~30 天，蒜苗高 30~35cm 便可收割头茬，每平方米可收 15~20kg。如不安排收第二茬，采收第一刀要深割，以稍带蒜瓣为度；准备收第二茬的，第一刀要轻，不能伤及蒜瓣，可在离蒜头顶部 1cm 左右处收割，以免影响下茬蒜苗生长。收后及时覆盖沙土。可在割头刀后，再经 20 多天，蒜苗高达 30cm 时割第二刀。蒜苗头刀收割 1~2 天，待出新芽后再浇水，以便伤口愈合，防止腐烂。割蒜苗时间最好在早晨，早晨割蒜苗产量高，质量好，便于及时供应市场。

温室或塑料拱棚畦栽的青蒜，可以陆续分批挖收，一般在苗高 30~35cm、具有 4~5 片嫩叶时收获。

# 第八节 蒜黄高效栽培技术

在无光或半遮光条件下，创造适宜的温度和湿度条件，对大蒜进行软化栽培。利用蒜头中的储藏养分，生产出来的叶片长而软、组织柔嫩、茎白、叶色淡黄到金黄、味香鲜美的特色"蒜苗"称为"蒜黄"。

蒜黄生长期短，从栽种到 2~3 刀收获完成不足两个月，从栽种到收获头刀只需 20 余天。蒜黄生产属于高密度集约化栽培，栽培技术简单，不需要光照，只要有水，管理好温度就能进行生产。蒜黄栽培对生产方式、设施、场所要求不高，栽培规模灵活，可以充分利用空闲地和空间进行生产。产品极少施用化肥和农药，可以说是一种名副其实的无公害蔬菜产品。

## 一、品种的选择

应该选择大瓣、休眠期短的品种，以求发芽快、生长健壮、产量高。

## 二、蒜种处理方法

选种时应选用蒜头大、蒜瓣大而硬实，大小均匀、无病虫害、未受冻及损伤的蒜头做种蒜，并剔除冻、烂、伤、弱的蒜瓣。

播前用 20~25℃清水浸泡 24 小时，使蒜种吸水膨胀，然后剔除蒜头的茎盘和底盘，再将蒜头置于 20℃下催芽，刚出芽即可播种。

## 三、栽培方式及其栽培关键技术

蒜黄主要在冬春低温季节栽培，凡是有一定温度条件的场所均可进行。多采用保温性能较差的塑料大棚、小拱棚、风障畦、菜窖等。

### 1. 温室、大拱棚蒜黄栽培关键技术

（1）**整地做畦** 为了充分利用大棚内的空间，可根据具体情况做成多层床架式苗床。每层床架相距 70~90cm，基部为高 20cm 的种植苗床。床底平铺碎秸秆，上覆 10~12cm 厚的营养土，营养土由 7 份菜园土、7 份细沙、2 份有机肥配制而成。

也可以在棚内建地下蒜黄栽培池，一般挖深 60cm 左右（地温稳定，易于掌控），长和宽依据设施条件而定，池底要平整，铺上 1 层塑料薄膜，薄膜四周要向上高出床面 20cm 并固定在墙上，膜上放

6cm 厚的沙子或沙壤土。也可建设地上蒜黄栽培池，用砖砌 60cm 高，地面夯实后放 6cm 厚的沙子或沙壤土。也可不建池而选用菜地或空地，直接整畦栽培。

（2）**播种要点**　在设施条件下，蒜黄可在 9 月上旬至翌年 4 月下旬连续不断地播种和收获。适宜条件下，从播种到收获只需 18~25 天，可根据上市期来确定播种期。

播种时将蒜瓣一个挨一个地紧密竖直排在栽培床或畦床中，蒜瓣间尽量不留空隙，蒜头间隙可用散种瓣填严。蒜瓣上端应尽可能保持高度一致，使生长出的蒜黄高度整齐，方便进行采收（图 3-13）。

图 3-13　摆种

摆种结束后，随即覆盖 3~4cm 厚的细沙土，用木板压平拍实。如心芽已露出，则不宜再压创面。随后浇足水，促进出芽。水下渗后，再覆盖 1~2cm 厚的细沙，注意补平床面。最后在床面上覆盖保温和遮光设施。

（3）**温度管理**　温度控制掌握前高后低的原则。出土前，温度略高些，白天温度控制在 26~28℃，夜间 18~20℃，利于早日出苗。齐苗后，视植株具体情况逐渐降低温度，当蒜黄长高至 8cm 时，白天温度至少保持在 18~22℃，夜间不低于 16℃为宜；蒜黄长高至 15cm，棚内温度应逐渐降低，以 18~20℃为宜，但不可低于 15℃，土温应保持在 12℃以上。苗高 25~30cm 时，白天保持在 20℃左右，夜间 14~16℃，收获前 4~5 天可降至 10~15℃。如出现高温、高湿即要通风，严防后期湿度过大株间过热，容易导致蒜黄腐烂。应在距池底 30~35cm 的地方平铺一张大眼尼龙网（图 3-14），并在周围固定好，保证蒜黄直立发育。

图 3-14　蒜黄栽培架大眼尼龙网

（4）**水分管理**　水分管理的关键是适时适量浇水，控制好床土湿度，促进叶片迅速生长。土壤过干，叶片生长缓慢，影响蒜黄产量和质量；若棚内空气和土壤湿度过大，又容易发生腐烂。浇水应视床土的干湿、温度高低以及通风量大小等灵活掌握。生产中可采用手握床土法，抓一把土握紧，手松土落并散开时，即需浇水。一般4~6天浇1次水，每茬蒜黄浇水2~4次，收割前2~3天应适量浇水1次，既保证蒜黄的产量和质量，又可为第2茬生长奠定基础。多层架式栽培的可上层2天浇水1次、中层3天浇水1次、下层4天浇水1次，水量为上层淋、中层匀、下层见湿为度。

（5）**光照管理** 播种后等蒜芽破口即应在日光温室外面均匀覆盖草苫遮光；采用大拱棚栽培的也可在棚内搭小拱棚，并在小拱棚外面覆盖草苫遮光，以软化蒜叶，进行黄化栽培。盖帘还有保持栽培床温度和湿度的作用。

※注意事项：盖帘过晚，或覆盖不严，会使蒜苗见光，导致叶片变绿而降低品质。软化栽培蒜黄一般不揭草苫，若在生长后期蒜黄呈雪白色，可在收割前几天，选择晴天的中午揭开草苫见光（俗称晒黄），晒至金黄色即可，可改善色泽和品质。在晒黄时，注意晾晒时间不要太长，光照不要过强，以防止蒜黄失水而影响商品品质。气温低时，注意防冻。

（6）**采收** 若温度适宜，一般摆蒜后20~25天（直接做畦栽培的30~40天），蒜黄高35cm时就可割头刀。如果温度偏低，则需30多天。割后扎成小捆，放在阳光下照晒片刻，使蒜黄由淡黄色变为金黄色（图3-15）。一般收割3刀，头刀蒜黄的产量和品质最高，二三刀的产量和品质逐步下降，每千克干蒜可收获蒜黄1~1.5kg。由于蒜黄组织脆嫩，容易失水软化，一般需用塑料袋装或包裹，放入硬质箱子搬运。

图3-15 蒜黄扎捆

**2.地窖式蒜黄栽培关键技术**

利用地窖进行冬、春季节生产蒜黄，场地要选择背风向阳、地势高燥的地块，以利于提高暖窖的温度，减少冻害，同时当外界温度升高时，又能很好地放风降温。冬季或早春外界气温低，采用暖窖生产蒜黄是一种比较理想的栽培方法，具有投资小、建窖简单、生产操作方便等优点。下面简要介绍一下栽培要点。

（1）**挖暖窖** 一般高度为 2~2.5m，入土深为 1.5m 左右，露出地面高度为 1m、窖长 7m、窖宽 7m（栽培面积掌握在 50m² 左右），在上面用木架或竹竿支好（一定固定牢固，上面要盖土），然后铺放玉米秸、稻草、小麦秸或破草苫等遮盖物，最上面盖土，厚度为 40cm 左右，在 4 个底角处各留有一个放风窗口。挖入口，宽度为 40~50cm，两侧用砖垒好。栽培床土以富含有机质的壤土为好，土壤厚度为 10~12cm，栽培池的畦面要平，铺沙或沙壤土 6cm 左右，耙平后栽蒜。

（2）**播种要点** 11 月上中旬播种，播前用清水浸种 1 昼夜，使种蒜充分吸水，加速发芽。播种时要尽量采用密植栽培，种植时将蒜头一个挨一个地紧密种植于栽培畦中，蒜瓣间尽可能不留空隙。一般每平方米约用种蒜 20kg 左右。播种后随即覆盖 3~4cm 厚的细土，浇一次透水，同时盖好遮光覆盖物。

（3）**畦面管理** 在密闭条件下，如空气、土壤湿度过大，又常易发生腐烂现象。所以尽量减少浇水，一般是种植后浇 1 次透水，维持较高的湿度，保证种蒜迅速出苗。之后，可根据外界气温、土壤湿度、蒜黄生长状况，灵活浇水，不能使暖窖内湿度过高。生长前期，喷水量要少，后期逐渐增多。收获前再适量浇小水一次，既保证了蒜黄的产量和质量，又可为收割后继续生长奠定基础。进入立冬节气后，外界温度明显降低，要在栽培窖内生火炉（可自制小土炉）以提高温度，使其保持正常的生长，当白天温度超过 20℃时要放风降温，防止高温徒长。

（4）**适时收获** 当蒜黄高度达到 35~45cm 时即可收获。一般蒜黄从栽种到割头刀，需 25 天，再过 20 天左右可收第二刀。收割时要割齐，不要连根拔起。收割的蒜黄要扎成捆，在阳光下晒一下，使蒜叶由白转变为金黄色时，即可上市。为了抢占元旦和春节两个消费市场，卖个好价格，要根据收割期灵活确定播种期，以实现经济效益最大化（表 3-3）。

表3-3　北方青蒜和蒜黄保护地栽培季节

| 地区 | 栽培方式 | 产品 | 播种期 | 收获期 |
|---|---|---|---|---|
| 北方 | 温室 | 青蒜 | 10月上旬至2月下旬 | 10月下旬至4月上旬 |
| 华北平原 | 风障畦或加薄膜 | 青蒜 | 11月上旬 | 12月下旬 |
| 北京、天津 | 风障畦 | 青蒜 | 9月下旬至10月上旬 | 4月中旬至5月上旬 |
| 北方 | 蒜黄窖 | 蒜黄 | 11月上旬至1月下旬 | 12月上旬至2月下旬 |
|  | 温室 |  | 10月上旬至2月下旬 | 10月下旬至4月下旬 |

※提示：蒜黄大规模生产用种量大，靠购买大蒜来生产蒜黄时需要资金较多。蒜黄容易腐烂，难储存，大批量生产必须进行规划或按订单生产。每年从9月至翌年1月均可生产。

# 第四章　大蒜病虫草害诊断与防治技术

## 第一节　大蒜主要真菌性病害及其综合防治

### 1. 大蒜灰霉病

【发病症状】大蒜灰霉病多发生于植株生长后期，发病初期蒜苗叶两面生有褪绿小白色点，扩展后成为沿脉扩展的长形或梭形斑，一般先从叶端向下扩展，导致多数叶片一半枯黄。病斑初呈水渍状，继而变白色至浅灰褐色，湿度大时密生较厚的灰色绒霉层。大蒜灰霉病发生严重时，可由叶片蔓延至叶鞘及上部叶片，遍及整株，致使叶片变褐色或呈水渍状腐烂，甚至蒜头腐烂（图4-1、图4-2）。后干枯成灰白色，易拔起，严重时病部有灰霉及黑色坚硬菌核。

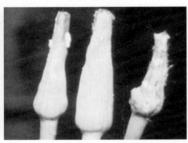

图4-1　大蒜灰霉病叶部感病症状　　图4-2　大蒜灰霉病蒜薹感病症状

【病原、传播途径和发病条件】大蒜灰霉病是由葱鳞葡萄孢侵染所致。在田间主要靠病原菌的无性繁殖体即病叶上的灰霉传播蔓延，每次收获都会把病菌散落于土表导致新生叶染病。其病害发生除与大蒜品种抗性有关外，还与气候和田间管理条件有关。春季降雨多，土壤湿度大；土质黏重，透水性差；种植密度过大；播期晚，植株长势差；偏施氮素化肥，植株抗病性差等均有利于病菌的繁殖与传播。在冷库中储藏的蒜薹，如果库温变化大、袋内湿度大结成水滴时，也易发生灰霉病。

【防治技术】

（1）**农业防治**　选择抗（耐）病优良品种；加强肥水管理，施足底肥，适时追肥、浇水，勤中耕除草，使大蒜植株生长健壮，增强抗病能力；及时消灭大蒜植株生长期间及蒜薹储藏期间的传毒媒介。

（2）**化学防治**　发病初期每亩可喷洒 50% 腐霉利可湿性粉剂 1 500~2 000 倍液。或 50% 异菌脲可湿性粉剂 1 000~1 500 倍液，或 40% 多菌灵硫黄胶悬剂 1000 倍液，隔 7 天喷 1 次，连续防治 3 次为宜。

### 2. 大蒜疫病

【发病症状】主要为害叶片，叶片染病初在叶片中部或叶尖上生苍白色至浅黄色水浸状斑，边缘浅绿色，病斑扩展快，不久半个或整个叶片萎垂，湿度大时病斑腐烂，其上产生稀疏灰白色霉斑。假茎受害，出现水渍状淡褐色软腐，长出灰白霉，叶鞘容易脱落，致全株枯死（图 4-3、图 4-4）。鳞茎受害，多在根盘产生褐色或暗褐色腐烂，内部组织变淡褐色。根部发病，呈褐色腐烂，根毛明显减少，根的寿命缩短，地上部生长势减弱。

图 4-3　大蒜疫病感病症状

图 4-4　大蒜疫病病叶

【病原、传播途径和发病条件】大蒜疫病病原是葱疫霉，病菌以菌丝体和孢子在病株地下部分或在土壤中越冬，翌春条件适宜时病部产生孢子囊和游动孢子，游动孢子借风雨和灌溉水传播蔓延，进行初侵染和再侵染。病菌喜高温、高湿条件，发病适温 25~32℃，相对湿度高于 95% 并有水滴存在条件下易发病，露地大蒜在多雨季节或棚室大蒜放风不及时或浇水过量，形成高温、高湿条件发病重。

【防治技术】

（1）**农业防治**　选用抗性强的大蒜品种；要轮作倒茬，发病地 2~3 年内不要种植葱蒜类蔬菜；收获后要及时清除病残体，带出田间集中深埋或烧毁（尽量不点火烧毁造成大气污染，倡导秸秆还田）；选择地势高燥、平整、雨后易排水的地块；加强肥水管理，及时排涝，防止湿气滞留。

（2）**化学防治**　在发病初期用72%霜脲·锰锌可湿性粉剂800~1 000倍液或72.2%霜霉威盐酸盐水剂800倍液或用代森锰锌M-45可湿性粉剂600~800倍液或69%安克锰锌（烯酰吗啉·锰锌）可湿性粉剂1000倍液喷雾。7~10天喷1次，防治2次。

### 3. 大蒜干腐病

【发病症状】大蒜干腐病在生育期和储藏运输期可发生，尤其是在储运期发生严重。生长期发病初期，下部叶黄化、萎蔫或弯曲，或叶面出现浅黄色条斑，有时扩展到鳞茎上，切开鳞茎基部可见病斑向内向上蔓延，呈半水渍状腐烂，发展较慢。储运期发病为害严重，多从蒜根部发病，蔓延至鳞茎基部，使蒜瓣变黄褐色、干枯，病部可产生橙红色霉层（图4-5、图4-6）。

图4-5　大蒜干腐病病株　　图4-6　大蒜干腐病鳞茎

【病原、传播途径和发病条件】大蒜干腐病病原属于尖镰孢菌洋葱专化型。以菌丝和厚垣孢子在土壤中越冬，翌春条件适宜时产生分生孢子，借雨水、灌溉、地蛆等传播，从伤口侵染，在病斑上产生分生孢子进行再侵染。病菌生长适宜的温度为25~28℃，发病适宜的温度为28~32℃。大蒜快成熟时，土壤高温高湿时发病严重。在储运期间，气温为28℃左右大蒜鳞茎易腐烂，8℃以下发病较轻。

【防治技术】

（1）**农业防治**　在无病区选留种蒜，选无病、充实饱满的蒜瓣作种；采用轮作，与非葱蒜类作物实行轮作；深翻土壤、施用充分腐熟的有机肥；加强田间管理，合理追肥，及时开沟排水，降低温度，增强植株抗病力；蒜头在收获储藏过程中尽力避免损伤。

（2）**化学防治**　发病初期应连续喷洒1：1：200的波尔多液

2~3次，喷洒75%百菌清可湿性粉剂700倍液加新高脂膜800倍液进行防治，或50%多·福可湿性粉剂500倍液加新高脂膜800倍液进行防治。

## 4.大蒜紫斑病

【发病症状】大蒜紫斑病的发病多始于叶尖或花梗中部，数日后蔓延至中、下部。发病初期呈稍凹陷的白色小斑点，中央微紫色，病斑扩大后变为黄褐色，纺锤形或椭圆形，大小（2~4）cm×（1~3）cm，周围有黄色晕圈。在高湿条件下，病部产出黑色霉状物。病斑多具同心轮纹，可相互愈合成长条状大斑，严重时全株枯黄，病部组织失水死亡，因此病部易折断（图4-7至图4-9）。

图4-7 大蒜紫斑病病株　　图4-8 大蒜紫斑病病叶　　图4-9 大蒜紫斑病蒜薹

储藏期鳞茎发病时，呈半湿性软腐状，出现红色或黄色，最终变为暗褐色，并伴随体积收缩，失去经济价值。我国南方蒜苗株高10~15cm时开始发病，生育后期尤为严重；北方主要在生长后期发病。蒜薹收获后，发生霉变的主要部位是薹梢部。随蒜薹代谢减弱，蒜苞逐渐膨大，萎蔫变黄，出现黄色不规则的斑点，最终产生黑色霉层。

【病原、传播途径和发病条件】病原为葱链格孢菌。病菌以菌丝体在寄主体内或随病残体在土壤中越冬，翌年春天，条件适宜时散发出分生孢子，借气流或雨水传播，萌发后可通过气孔或伤口侵入，其芽管也可直接穿透寄主表皮侵入，引发病害。潜育期4~5天。发病适宜温度25~28℃，而在30~35℃时相对较差，低于12℃不发病。病菌产生孢子需湿度高，萌发和侵入需借助水滴存在。温暖多湿的春季发病重。此外，沙质土、旱地、早苗或老苗、缺肥田块发病重。

【防治技术】

（1）**农业防治**　选用抗病大蒜品种，合理密植，培育壮苗，增强植株抗病能力；加强施肥，施优质腐熟土杂肥做基肥，增施磷钾肥；汛期及时排水；收获后及时烧毁病株，清除被害叶片和花薹。

（2）**化学防治**　发病初期，可喷施 75％ 百菌清可湿性粉剂 500 倍液或 64％ 噁霜·锰锌可湿性粉剂 500 倍液、50％ 异菌脲可湿性粉剂 1 500 倍液，隔 7~10 天喷施 1 次，连续防治 2~3 次。也可用 53％ 精甲霜灵·锰锌可湿性粉剂 800 倍液，隔 7 天喷施 1 次，连续施用 2~3 次，防治效果达 85％ 以上。

## 5. 大蒜叶枯病

【发病症状】主要为害大蒜的叶片和蒜薹。叶片上的症状主要有两种：一是秋季苗期蒜苗中、下部老叶片先发病，叶尖发白逐渐形成尖枯，翌年 3 月气温回升至 8~10℃时，病斑沿叶脉向下扩展，并逐渐枯死（图 4-10）；二是春季病菌直接从叶片其他部位侵染，病斑初呈花白色圆形斑点，扩大后呈不规则形或椭圆形，灰白色或灰褐色病斑，中央灰白色或淡紫色病斑，在高湿生长条件下和大蒜生长后期病斑上有黑色霉状物产生，并由灰白色转变为灰褐色。蒜薹上的症状主要表现为在薹梢和蒜薹上出现黄白色斑点，不易储藏，严重者病部失水凹陷或腐烂，从而失去食用价值和商业价值。

图 4-10　大蒜叶枯病病叶

【病原、传播途径和发病条件】此病由枯叶格孢腔菌侵染所致。在春播大蒜栽培区，病菌主要以菌丝体或子囊壳随病残体遗落土中越冬，翌年产生子囊孢子引起初侵染，后病部产生分生孢子随气流和雨滴飞溅进行再侵染。秋播大蒜出苗后，病残体上产生的分生孢子随气流、雨滴飞溅传播，降落在蒜叶上，引起侵染发病。该病菌为弱寄生菌，常伴随霜霉病或紫斑病混合发生。

病菌对温度的适应性较强，但需要较高的湿度。降雨和田间高湿是病害流行的必要条件。秋播蒜区，田间一般在播种后2个月左右开始发病，先后出现2个发病峰次。次峰出现在冬前的11月下旬至12月上旬，1月明显下降，翌春病情逐渐回升，4月下旬至5月中旬出现主峰。

该菌侵染萌发的温度较宽，湿度要求达90%以上。发病早迟取决于温度，发病轻重取决于湿度。大蒜感病生育期在成株期。一般在地势低洼、排水不畅、偏施氮肥、葱蒜类蔬菜混作、植株受伤、植株生长瘦弱和连作的田块发病重。年度间梅雨季节或秋季多雾、多雨的年份发病重。

【防治技术】

（1）**农业防治**　轮作换茬，大蒜忌连作；加强田间管理，配方施肥，培育壮苗，增强抗（耐）病力；适期播种，合理密植；科学浇水和排水，降湿降渍；及时发现病株，并收集后烧毁或深埋；田间操作时要避免损伤叶片，以减少伤口。控制叶枯病发病的条件。

（2）**化学防治**　在大蒜叶枯病常发重发区，发病高峰期到来之前10~15天，每亩用80%代森锰锌可湿性粉剂600倍液均匀喷雾，10天1次，连续3次，即可有效地预防大蒜叶枯病，保产效果明显。在发病始盛期，可用50%或70%甲基硫菌灵可湿性粉剂500倍液或800倍液，或80%代森锰锌可湿性粉剂400倍液，或75%百菌清可湿性粉剂500倍液，或50%异菌脲可湿性粉剂1 000倍液，或50%叶枯灵粉剂1000倍液，隔7天喷1次，视病情和天气连喷2~3次即可。

## 6. 大蒜叶斑病

【发病症状】大蒜叶斑病又称煤斑病，广泛分布于各蒜区，以西南蒜区发生为害严重，田间从苗期到蒜头膨大期均可发病。主要为害叶片和蒜薹，发病初期叶片出现针尖状的黄白色小点，逐渐发展成水渍状褪绿斑，后扩大成平行于叶脉的椭圆形或梭形凹陷病斑，中央枯黄色、边缘红褐色、外围黄色。大流行时，病斑向叶片两端迅速扩展或数个病斑愈合联片，使叶片萎蔫枯黄，整株枯死。单个病斑扩展至叶缘时，叶片即从病部折断。湿度大时，病部产生墨绿色霉状物，重病田呈现出一片墨绿色枯死景象（图4-11）。

【病原、传播途径和发病条件】该病病原为匍柄霉菌，以菌丝块在寄主病残体上越冬，翌年产生分生孢子进行传播蔓延，日暖夜凉，雾大、气重的天气发病重。病菌在田间地表和土壤中的病残体上以及大蒜收获后临时堆放场所遗弃的病残体上越夏，也可在葱、韭菜等寄主上侵染越夏。大蒜出苗后，温湿度适宜时产生分生孢子，借气流和雨滴飞溅传播侵染发病。

图4-11　大蒜叶斑病为害的叶片

该菌生长适温为20~28℃。大蒜叶枯病的发生与田间温湿度呈正相关，一般温度越高，湿度越大，发病越重。当旬平均气温在20℃左右，高湿时利于病害发生和流行。

【防治技术】

（1）**农业防治**　选用抗病良种，适期播种，合理密植；科学肥水管理，施足底肥，及时追肥，增施磷、钾肥和微肥，增强大蒜的抗病性；降水较多时，要及时排涝降渍；播种前销毁病残体。

（2）**化学防治**　在发病初期可选用77%氢氧化铜可湿性粉剂800倍液、50%腐霉利可湿性粉剂800~1 000倍液、50%异菌脲可湿性粉剂800倍液或70%代森锰锌可湿性粉剂500倍液，每隔7~10天喷1次，共喷2~3次，交替施药，效果较好。

**7. 大蒜锈病**

【发病症状】大蒜锈病主要侵染叶片和假茎。病部初为梭形褪绿斑，后在表皮下出现圆形或圆形稍凸起的夏孢子堆，表皮破裂后散出橙黄色粉状物，即夏孢子。病斑四周有黄色晕圈，一般基部叶比顶部叶发病重，严重时病斑互联成片而致全叶黄枯，植株提前枯死。生长后期，在未破裂的夏孢子堆上产出表皮不破裂的黑色冬孢子堆（图4-12）。

图 4-12　大蒜锈病为害症状

【病原、传播途径和发病条件】大蒜锈病由葱柄锈菌侵染所致。病菌多以夏孢子在大蒜病残体中越夏，随气流和雨滴飞溅传播，并大量侵染大葱、洋葱等葱属植物。秋季蒜苗出土后，又转害蒜苗。入冬后，病菌以冬孢子或菌丝体在留种大葱和蒜苗上越冬。翌春气温稳定在10℃以上时开始再次侵染，构成周年循环。该病菌喜温凉高湿，夏季冷凉地或湿度大的山区该病容易流行。

【防治技术】

（1）**农业防治**　选用抗病大蒜品种；避免与其他葱属作物混种，及时清洁蒜田，对已发病的大蒜，将大蒜锈病病叶、病茎带出田外烧毁，减少病原侵染；适期播种，避免偏施氮肥，减少浇水次数，要科学肥水管理，培育壮苗，增强抗（耐）病能力。

（2）**化学防治**　发病初期，用40%苯醚甲环唑悬浮剂3 000倍液、43%氟菌·戊唑醇悬浮剂1 500倍液、25%丙环唑乳油3 000倍液或70%代森锰锌可湿性粉剂1 000倍液均匀喷雾，隔10~15天用药1次，视病情连防1~2次即可。注意在采收前20天停止用药。

### 8. 大蒜白腐病

【发病症状】大蒜白腐病主要为害叶片、叶鞘和鳞茎，初染病时外叶叶尖呈条状或叶尖变黄，后扩展到叶鞘及内叶，植株生长衰弱，严重时整株变黄矮化或枯死，并向一侧扭曲，不易抽出蒜薹或只抽出很短、很细的蒜薹（图4-13）。拔出病株，可见鳞茎表皮产生水渍状病斑，根以及腐烂的鳞茎表面附有大量白色至灰黑色菌丝层，有些蒜头及其上10~15cm的叶鞘内外生出黑色小菌核，茎基变软，鳞茎变黑腐烂。同时根部伴恶臭味（图4-14）。

图 4-13　大蒜白腐病病株　　　图 4-14　储藏期间蒜头感染白腐病

【病原、传播途径和发病条件】大蒜白腐病病原为白腐小核菌。该病菌以菌核在土壤中越冬越夏，可在土壤中长期存活并随雨水、浇水、农家肥及病残体传播，带菌种蒜也能远距离传播。病菌直接从植株根部或近地面处侵入，引起植株发病，病部又产生菌丝，纠结在一起形成褐色组织紧密的小菌核。病菌喜低温高湿，当气温低于 20℃，湿度大且持续时间长时易流行。植株生长瘦弱、土壤潮湿、排水不良、土壤贫瘠及长期连作的田块易发病。

【防治技术】

（1）**农业防治**　选择抗病强的大蒜品种；在无病菌的地块种植，合理轮作倒茬，避免葱属类作物邻作和间作、套种；科学施肥，按有机与无机相结合，基肥与追肥相结合的原则，以优质有机肥为主，平衡施肥；根据土壤墒情和植株生长状况，加强田间肥水管理，提高植株抗病力；保持土壤湿润，尤其在孕薹期、抽薹期、鳞茎膨大期应避免受旱；发现病株及时挖出深埋，收获后彻底清除田间病株残体。

（2）**化学防治**　发病初期用 50% 多菌灵可湿性粉剂 500 倍液或 50% 异菌脲可湿性粉剂 1 000~1 500 倍液灌淋根茎，隔 7~10 天 1 次，连续防治 2~3 次。发病初期，喷洒 50% 多菌灵可湿性粉剂 500 倍液或 50% 甲基硫菌灵可湿性粉剂 600 倍液，或用 20% 甲基立枯磷乳油 1 000 倍液，隔 10 天左右叶面喷雾 1 次，共喷 2 次，防效显著。

## 9. 大蒜菌核病

（1）**发病症状**　大蒜菌核病主要为害近地面的假茎基部或储存做种的鳞茎。发病初期呈水渍状，进而出现圆形小点，后发展为不规则状，致假茎变为黄褐色腐烂或折倒；当田间较干燥时，病部则发白易破碎致蒜瓣露出，在发病部位可见到薄片状簇拥的黑色菌核状物，导致鳞茎萎缩或整株死亡，严重影响大蒜产量和质量（图 4–15）。

【病原、传播途径和发病条件】大蒜菌核病病原为核盘菌属。菌核遗留在土中或混杂在种瓣中越冬或越夏，随播种带病种瓣进入田间传播蔓延，该病以气传的分生孢子从寄生的种瓣和衰老叶片侵入，以分生孢子和健株接触进行再侵染。侵入后，长出白色菌丝，为害茎盘基部或带伤叶鞘。在田间带菌病残体落在健叶或茎上经菌丝接触，也可引起发病，并以这种方式进行重复侵染，直到条件恶化，又形成菌核落入土中或随种瓣混入种子间越冬或越夏。

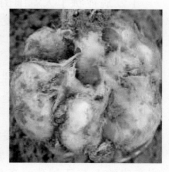

图 4–15　大蒜菌核病为害的鳞茎

该病菌喜低温高湿，一般温度在 15~20℃、相对湿度在 85% 以上，有利于菌核的萌发和菌丝的生长、侵入。由于采用地膜覆盖，膜下长期保持高湿状态（相对湿度大于 80%），有利于菌核病的发生。

【防治技术】

（1）**农业防治**　轮作倒茬。最好种 2~3 年大蒜轮作 1 年小麦，最长连作不要超过 5 年。选取健康无病的大蒜留种。收获后及时清除大蒜病株残体，带出田外深埋。

（2）**化学防治**　秋种时选用 50% 多菌灵粉剂或 70% 甲基硫菌灵粉剂，按种子量的 0.3% 兑水适量均匀喷布种子，闷种 5 小时，晾干后播种。

发病前或初期，可用 70% 甲基硫菌灵可湿性粉剂 800~1000 倍液或 70% 丙森锌可湿性粉剂 700~800 倍液或 75% 百菌清可湿性粉剂 600 倍液或 40% 多菌灵胶悬剂 800 倍液或 64% 霜脲·锰锌 500 倍液交替喷雾。中后期，可结合使用 50% 异菌脲或 43% 戊唑醇悬浮剂进行防治，每 5~7 天防治一次，连喷 3~4 次，防治效果较好。

掌握最佳防治时间：春季 3 月下旬至 4 月上旬，秋季 10 月中下旬，防治原则是以防为主，在菌核病未发生或发病初期即开始防治，选用适宜杀菌剂，交替使用。

## 第二节 大蒜主要细菌性病害及其综合防治

### 1. 大蒜细菌性软腐病

【发病症状】大蒜细菌性软腐病染病后，先从叶缘或中脉发病，沿叶缘或中脉形成黄白色条斑，并逐渐扩大，可贯穿全叶片。高湿时，病部呈黄褐色软腐状。一般下部叶片先发病，后渐向顶叶扩展蔓延，致全株枯黄或死亡（图4-16）。

图4-16 大蒜细菌性软腐病病株

【病原、传播途径和发病条件】大蒜细菌性软腐病病原是细菌胡萝卜软腐欧氏杆菌胡萝卜软腐致病型，病菌主要在土壤中尚未腐烂的病残体上存活越冬，条件适宜后侵染大蒜，引起大蒜软腐。病菌喜高温、潮湿环境，发病最适宜气候条件为温度25~30℃，土壤含水量高、田间湿度大、生长过旺有利于发病。雨水多的年份为害严重。发病严重时常造成叶片枯死，甚至整株枯死，直接影响产量。

【防治技术】

（1）**农业防治** 选择抗病性强的大蒜品种，种植无病害的蒜种；选择排灌好、有机质丰富、保肥水强的地块种植；及时清洁田园，清除病残体，减少初侵染源；科学肥水管理，培育壮苗，提高抗（耐）病力。

（2）**化学防治** 发病初期及时用药，可选用14%络氨铜水剂350倍液，或72%农用硫酸链霉素可溶性粉剂4 000倍液，或1 000万单位新植霉素可湿性粉剂4 000倍液或50%琥胶肥酸铜胶悬剂500倍液，或77%硫酸铜钙600倍液等药剂喷雾或灌根，每7天1次，连续防治3~4次。

### 2. 大蒜细菌性心腐病

【发病症状】大蒜受到病害侵染后表现为生理性失调，最初的症状是心叶叶片基部（生长点基部）出现水渍状斑块，逐渐向下扩展到茎秆组织，进一步发展导致基部和感病的茎秆组织由内而外软化腐烂，并散发出鱼腥恶臭味。在一些发病严重的地块，发病率超过40%，严重感染的植株生长受挫、畸形，导致大蒜的产量和品质大大降低。

【病原、传播途径和发病条件】大蒜心腐病是由细菌侵染引起的病害，病原为荧光假单胞杆菌葱属致病变种。

大蒜细菌性心腐病主要靠种蒜调运进行远距离传播，并通过病残体及雨水进行近距离传播。湿度是影响发病的主要因素，大蒜种植后，翌年2月下旬至3月上旬为多雨时期，再加上气温回升，病害开始初显症状。之后，病菌迅速传播蔓延，至3月中下旬达到发病高峰，4月上旬为发病末期。有的田块11月初就可显现发病症状，发病植株如不及时防治和拔除，则可导致植株整株死亡。另外，发病后进行灌溉，加速病害的传播蔓延，导致大蒜植株发病加重。

【防治技术】

（1）**农业防治** 对繁（留）种地块，在生长期间，尤其在发病适期，一旦发现携带有大蒜细菌性心腐病病菌，应改作他用。

精选蒜种，确保蒜种质量。选蒜种时，要剔除伤瓣、烂瓣、发软瓣、无芽瓣、病瓣等。合理轮作、合理肥水管理，多施腐熟有机肥，增施磷钾肥。要根据地块的墒情适当浇水，防止大水漫灌，确保汛期田间排水畅通。

（2）**化学防治** 发病初期可先拔除病株，再进行田间药剂喷雾防治。药剂可选用20%噻菌铜悬浮剂500倍液或1 000万单位新植霉素可湿性粉剂4 000倍液进行喷雾，每隔7~10天喷1次，可根据病情连续防治2~3次，用药后若遇雨，雨后需立即补喷。

---

※提示：细菌性软腐病、心腐病是细菌性病害，一般的杀菌剂作用不大。化学防治时必须对症下药，选用杀细菌的药剂。

---

# 第三节 大蒜病毒病及其综合防治

【发病症状】大蒜病毒病又名花叶病，是为害大蒜最大、发病率最高的一种病害。发病症状不完全相同，主要有以下几种。①叶片出现黄色条纹（图4-17）。②叶片扭曲、开裂、折叠，叶尖干枯，萎缩（图4-18）。③植株矮小、瘦弱，心叶停止生长，根系发育不良，呈黄褐色。④不抽薹或抽薹后蒜薹上有明显的黄色斑块（图4-19、图4-20）。

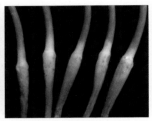

图 4-17　叶片出现
黄色条纹　　　　　图 4-18　大蒜苗期
花叶病症状　　　　图 4-19　大蒜薹苞感染病
毒的症状

图 4-20　蒜薹感染病毒的症状

【病原、传播途径和发病条件】大蒜病毒病是多种病毒侵染引起的，主要有大蒜花叶病毒和大蒜潜隐病毒。病毒一旦侵入植株体内，不但对当代有影响，而且经鳞茎母体将病毒垂直传递给后代，导致种性退化，损失严重。病毒病还可在田间通过蚜虫、线虫、蓟马等传毒媒介传播，健康的大蒜植株也可被传给病毒而染病。高温干旱、管理粗放及与其他葱属植物连作发病重。

【防治技术】

（1）**农业防治**　选择抗（耐）病优良品种，有条件的采用脱毒大蒜作为蒜种；对种子生产进行严格管理，及时拔除病株，减少毒源；大蒜田周围避免与大葱、洋葱、韭菜等葱属其他作物相邻以及连作；加强田间管理，重点是肥水管理和中耕除草，使大蒜植株生长健壮，增强抗病能力；及时消灭大蒜植株生长期间及蒜头储藏期间的传毒媒介。

（2）**化学防治**　蒜苗长至3~7cm高开始，喷施蓖麻油100倍液，或高脂膜200倍液。连续喷施数次，每隔10~15天喷1次，有助于促进植株生长，钝化病原，减轻发病。在发病初期用20%吗胍·乙酸铜可湿性粉剂500~1 000倍液，或1.5%植病灵乳油1 000倍液，每隔7~10天喷1次，连续喷雾2~3次，能有效减少病害感染。在蚜虫迁飞的季节，及时防治蚜虫。

※提示：大蒜病毒病无特效药可治，必须以防为主，尽可能切断传播途径。

## 第四节 大蒜主要虫害及其综合防治

大蒜主要虫害有蒜蛆、蓟马、蚜虫、螨类、潜叶蝇、粪蚊和跳虫等。

### 1. 蒜蛆

蒜蛆又叫根蛆、地蛆、粪蛆，常见的是种蝇和葱蝇的幼虫，是为害大蒜的一种常见地下害虫。

【为害症状】一般春季为害重，秋季较轻。大蒜在烂母期发出特殊臭味，招致种蝇和葱蝇在表土中产卵，因此大蒜在烂母期受害最重。幼虫在地下部的根与假茎间钻成孔道，蛀食心叶，使组织腐烂，叶片枯黄、萎蔫乃至成片死亡。拔出受害株可发现蛆蛹，被害蒜皮呈黄褐色腐烂，蒜头被幼虫钻蛀成孔洞，残缺不全，蒜瓣裸露、炸裂，并伴有恶臭气味。被害株易被拔出并易拔断。

【形态特征】种蝇成虫比家蝇小，体长约 6mm，暗褐色。幼虫似粪蛆（图4-21），乳黄色，体长 7~9mm。蛹长 4~5mm，椭圆形黄褐或红褐色。葱蝇形态与种蝇相似。

【生活习性与发生规律】种蝇和葱蝇在北方1年发生 3~4 代，南方 5~6 代。一般以蛹在土地或粪堆中越冬，成虫和幼虫也可以越冬。第二年早春成虫开始大量出现，早晚躲在

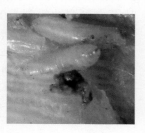

图4-21 蒜蛆

土缝中，天气晴暖时很活跃，田间成虫数量大增。种蝇和葱蝇都是腐食性害虫。成虫喜欢群集在腐烂发臭的粪肥、饼肥及厩肥等有机物中，并在上面产卵，或在植株根部附近的湿润土面、蒜苗基部叶鞘缝内及鳞茎上产卵，卵期 3~5 天，卵孵化为幼虫后便开始为害，幼虫期约 20 天，老熟幼虫在土壤中化蛹。

【防治技术】

（1）**农业防治** 施用腐熟的有机肥作基肥，施后及时深埋入土并与种瓣隔离。播种前剔除发霉、受伤、受冻的蒜瓣，以免腐烂时招致蛆蝇产卵。选用无病、无伤、大小均匀的新鲜蒜种；农家肥要充分腐熟深施；蒜蛆喜湿怕干，在大蒜根部周围，顺沟每亩施草木灰

150kg，蒜蛆忌灰，防治效果较好；蒜蛆发生地块，必要时大水漫灌1次，可减轻发生。

氮硫肥对蒜蛆有一定驱杀作用，结合浇水追施可减轻受害程度。

（2）**物理防治**　在根蛆成虫发生期用糖醋液诱杀。糖2份、醋2份，加少量水和敌百虫，用盆盛放在田间诱杀。也可用红糖、醋、水按1∶1∶2.5的比例配成诱杀液，并加入锯末和敌百虫拌匀，放入诱集盆中，在大蒜连片地诱杀成虫。这样在产卵前杀灭成虫，可起到事半功倍的效果。

（3）**化学防治**　在成虫产卵期用1.8%齐螨丁1 000倍液喷杀成虫及卵，每7天喷1次，连喷2次，减少成虫产卵基数，减轻为害。播前处理，经过选种，剔除烂瓣后，用0.5kg 40%乐果乳剂兑水3kg，稀释后可拌100kg蒜瓣。也可每亩用敌百虫粉1.5~2kg，兑细干土25kg，撒在沟里。成虫发生期，喷50%敌敌畏或50%辛硫磷1 000倍液消灭成虫。幼虫发生期，用2.5%氯氟氰菊酯乳油2 000倍液、3.5%氯氟溴乳油、50%辛硫磷乳油800倍液或90%敌百虫可湿性粉剂1 000倍液灌根，每7~10天1次，连续2~3次。也可用1.8%阿维菌素乳油1 000倍液，随春季第1次灌水施入。

---

※提示：注意防治时期。蒜蛆成虫发生高峰期和卵孵化高峰期，是杀灭害虫的有效时期，要抓住这两个关键时期集中防治。在第一代（也是为害最严重的一代）幼虫发生高峰期，要重点防治，以消灭初期幼虫。

---

### 2. 蓟马

葱蓟马又叫烟蓟马、棉蓟马，主要为害葱蒜类蔬菜，还可以为害瓜类和茄果类蔬菜。

【为害症状】蓟马主要为害心叶、嫩芽和叶片、叶鞘。成虫和若虫以锉吸式口器吸取叶片中的汁液，被害叶片形成许多长形的灰白色斑点，严重时叶片扭曲、皱缩，枯黄。为害严重时枯斑连片，斑点密集成大型长斑，叶片发黄萎蔫，或扭曲畸形，甚至整个植株枯萎死亡。

【形态特征】成虫虫体细小，长1~3mm。体色从淡黄色至深褐色；翅细长、透明、浅褐色，翅的周缘密生细长毛。卵小，肾形，乳白色。若虫如针尖大小，全体呈淡黄色，形状似成虫，无翅或仅有翅芽。伪蛹深褐色，形似若虫，生有翅芽。

【发生规律】葱蓟马在华北地区 1 年发生 3~4 代，华东地区 6~10 代，华南地区达 20 多代。主要以成虫和若虫潜藏在葱、蒜类蔬菜的叶鞘内及在杂草、枯枝、落叶和土缝中越冬，翌春开始活动，继续为害。成虫性活泼，善飞翔，可借风势传播远方，怕阳光直射，白天躲在叶背面或叶鞘内，早晚和阴天转移到叶面取食。成虫在叶和叶鞘组织中产卵，卵散生。

该虫喜温暖、干旱，多雨则影响其活动和生存。北方 5 月上旬至 6 月上旬，南方 10 月下旬至 11 月上旬，天气若温暖、少雨干旱，则有利于其发生为害，损失严重。

【防治技术】

（1）**农业防治** 冬春铲除杂草及枯枝落叶，可减少越冬虫量；实行轮作倒茬；播前翻耕或生长期中耕可杀死一部分虫体，并有促进大蒜生长的作用；蓟马发生数量较多时，可增加灌水次数或灌水量，淹死一部分虫体，并提高田间小气候湿度，创造不利于蓟马发生的生态环境。

（2）**物理防治** 蓝板诱杀技术是根据害虫的趋蓝色性原理，用凡士林、黄油等专用环保胶剂制成的蓝色胶板（蓝板）进行诱杀害虫的一种物理防治技术。选用 25cm×40cm 的蓝色粘虫板，插或挂于田间，并高出植株顶部，每 20~30 $m^2$ 挂 1 块，可有效减少虫口密度，不造成农药残留和害虫耐药性，可兼治多种虫害。

（3）**化学防治** 选用 25% 噻虫嗪水分散粒剂 1800 倍液、10% 吡虫啉可湿性粉剂 3 000 倍液、15% 唑虫酰胺乳油 1 500 倍液 +5% 甲氨基阿维菌素苯甲酸盐水分散粒剂 3 000 倍液、2% 氯氟·噻虫胺颗粒剂 2 000 倍液 +10% 吡虫·吡丙醚悬浮剂 1 000 倍液、5% 多杀霉素悬浮剂 800~1 000 倍液等药剂进行喷雾防治。

### 3. 蚜虫

【为害症状】大蒜蚜虫有桃蚜（又称烟蚜、桃赤蚜）、葱蚜，属同翅目蚜科。国内各蒜区尤以桃蚜为主，其寄主多达 38 科 144 种植物。为害造成蒜叶卷缩变形、褪绿变黄而枯干；同时传播大蒜花叶病毒，导致大蒜种性退化。

【形态特征】有翅蚜体长 2 mm 左右，头、胸部黑色，腹部淡绿色、橘红色，胸翅透明，腹管黑色，细长筒形。无翅蚜体肥硕、卵圆形，体色黄绿或橘红，胸部无翅，腹管浅黑色，尖筒形。卵椭圆形，初呈浅黄色，后变黑色，有光泽。

【发生规律】蚜虫以卵在蔬菜、棉花或桃树枝上越冬，也可以成蚜和若蚜在温室、大棚、菜窖等比较温暖的场所越冬并继续为害，靠有翅蚜迁飞扩散。趋黄色和嫩绿色，避银灰色，有假死性。温暖爽润的气候利于蚜虫发生，春、秋两季为害严重，尤其是久旱遇雨初晴常大发生，而夏季高温为害减轻。

【防治技术】

(1) **农业防治** 合理作物布局，蒜地应远离十字花科和茄科蔬菜及桃园等。在秋季蚜虫迁飞前，清除田间的杂草、残株、落叶等，以减少虫口密度。

(2) **物理防治** 银灰色薄膜覆盖栽培，利用蚜虫对银灰色有负趋性的特点达到避蚜防病的目的。利用蚜虫对不同颜色光线的趋避性进行诱蚜或驱蚜。诱蚜的方法是：用木板、玻璃或白色塑料薄膜制成长 1 m、宽 0.2 m 长方形牌子，正反两面都涂上橙黄色涂料，再刷上 10 号机油。把黄板插在田间，引诱有翅蚜飞到黄牌上被粘住（图 4-22），每亩需设黄板 30 块。

图 4-22  利用黄板诱杀蚜虫

(3) **生物防治** 利用蚜虫的天敌如七星瓢虫、草蛉、食蚜蝇幼虫等捕食蚜虫。

(4) **农药防治** 及早喷药防治，把蚜虫消灭在点、片阶段。用于喷布的农药可选用 10% 吡虫啉可湿性粉剂 2 000 倍液，或用 50% 辛硫磷乳油 1 000 倍液。最好用不同药剂轮换喷施，以免蚜虫产生耐药性。

---

※提示：蚜虫繁殖和适应力强，各种防治方法都很难取得根治的效果。对于蚜虫防治，重要的是及时治疗，避免蚜虫大量发生。

#### 4．潜叶蝇

【发生特点】潜叶蝇俗称夹叶虫、叶蛆。豌豆潜叶蝇 1 年发生多代。多以蛹在被害的叶内和土表越冬。早春天气转暖后成虫出现。在大蒜叶背产卵，多数产在叶背边缘的叶肉组织里。卵孵化为幼虫后，潜入叶片上下表皮间食取叶肉，使被害叶片出现许多灰白色、弯弯曲曲的潜道。随着幼虫的长大，潜道由细变粗，最后在潜道末端化蛹，或在叶表皮破裂落土里化蛹。严重时 1 片叶中有幼虫数十头，叶肉几乎全部被吃光，仅剩下两层表皮，致使叶片干枯。春、秋两季为害较重，夏季为害较轻。

【防治技术】

（1）**农业防治**　大蒜收获后及时处理残株枯叶；蒜田尽量不与春秋季有蜜源的作物间套种或邻作，控制成虫补充营养，降低其繁殖力；采用灭蝇纸诱杀成虫，在成虫始盛期至盛末期，每亩设置 15 个诱杀点，每个点放置 1 张诱蝇纸诱杀成虫，3~4 天更换 1 次。

（2）**化学防治**　利用成虫吸食花蜜习性，用 30% 糖水 +0.05% 敌百虫诱杀成虫；在成虫产卵盛期或孵化初期，用 20% 氰戊菊酯乳油 300 倍液、或 50% 辛硫磷乳油 1 000 倍液或 5% 氟虫脲乳油 1 000~1 500 倍液，喷雾防治，每隔 7 天用药 1 次，连续用药 2~3 次效果较好。

#### 5. 大蒜粪蚊

【发生特点】大蒜粪蚊属双翅目粪蚊科的害虫，在大蒜整个生育期都可为害，是大蒜生产上的危险性害虫。大蒜粪蚊以蛹或老熟幼虫在土壤或被害蒜头中越冬。成虫在蒜株根部土壤表层内产卵，多数堆产，少数散产。幼虫具群居性，在被害蒜株内常有数条乃至数十条聚集在一起。生育期适温为 15~27℃，适宜的土壤湿度为土壤相对持水量的 95%。成虫具趋腐性，幼虫喜欢在潮湿、弱光及腐烂环境中生活。

大蒜粪蚊在大蒜整个生育期都可为害，是大蒜生产上的危险害虫。初孵幼虫聚集在大蒜的假茎基部，从外向内蛀食，破坏假茎组织，使植株萎蔫至死。当蒜瓣形成时，幼虫则蛀食蒜瓣外的嫩皮部分，使蒜瓣变软、变褐、腐烂，瓣肉裸露，甚至引起整个蒜头腐烂。

【防治技术】

（1）**农业防治** 避免连作，实行3~4年轮作；春播地区于秋季深耕翻地，消灭越冬虫蛹及幼虫；秋播地区于夏季深耕翻地，实行晾晒土壤，消灭残留在土壤中的虫蛹及幼虫；大蒜生长期间加强除草、松土，使植株根际周围的表土干燥，抑制虫卵孵化和幼虫活动。

（2）**化学防治** 具体方法同大蒜蒜蛆的化学防治措施。

## 6. 蛴螬

【发生特点】蛴螬是金龟甲的幼虫，又名白地蚕、地蚕等，为害各种蔬菜，是杂食性害虫。其幼虫长期蛰居土中生活，1~2年发生1代，蛴螬为害活动与土壤温度、湿度有密切关系，低温为12~18℃活动最旺盛，25℃以上向深土层移动，土壤含水量为15%~20%时最适宜其活动，干旱时钻入土壤深层。

蛴螬幼虫（图4-23）取食萌发的大蒜鳞茎，造成缺苗，还可咬断幼苗的根，咬伤鳞茎和假茎基部，引起变色腐烂，受害株叶片发黄、萎蔫甚至枯死。

【防治技术】

（1）**农业防治** 冬耕可以将蛴螬越冬幼虫、成虫翻到土表面冻死、晒死，或被天敌捕食，夏耕时土温高、湿度小，蛴螬会自然死亡；整地时施用腐熟的有机肥，以改善土壤结构，促进根系发育，增强抗虫能力；利用金龟甲类的趋光性，设置黑光灯诱杀；还可用性诱剂诱杀。

图4-23 蛴螬

（2）**化学防治** 用辛硫磷均匀撒施于播前地块的表面，然后翻入土中，也可将药剂与肥料混合，条施或沟施。用50%辛硫磷乳油250~300mL，加3~5倍水，喷布在25~30kg的细土中，边喷边拌匀，制成毒土，撒施后浅耕。还可以采用毒饵诱杀，每亩地用25%辛硫磷胶囊剂150~200g拌谷子等饵料5kg，或20%菊·马乳油、50%辛硫磷乳油50~100g拌饵料3~4kg，撒于田中，也可收到良好防治效果。对大蒜虫害防治应以应用黑光灯、色板、性诱剂等诱杀和趋避为主，化学防治为辅。

# 第五节 大蒜主要草害及其综合防治

## 1. 蒜地草害特点

大蒜草害主要分为阔叶类和禾本科两大类，其中阔叶类杂草有牛繁缕、猪殃殃、荠菜、婆婆纳、大蓟、小旋花、播娘蒿等；禾本科杂草有硬草、看麦娘、燕麦、野燕麦、马唐、狗尾草、牛筋草、三棱草等，一般每平方米有 10~18 株，高的达 30 株以上。

## 2. 防治技术

### （1）农业措施

① 南方水田的水稻与大蒜轮作，旱地的甘薯与大蒜轮作；北方春播地区实行的马铃薯或黄瓜或西葫芦—白菜—大蒜轮作，都有利于减少蒜地杂草。

② 深翻整地，将表土层草种子翻入 20cm 以下抑制出草。同时拾除深层翻上来的草根。

③ 适期播种、合理密植，创造一个利于大蒜生长发育而不利于杂草生存竞争的空间环境。

④ 覆盖有色地膜或除草地膜，可以采用除草药膜和黑色地膜或光降解地膜，使增温保墒和除草及环保有机结合。

⑤ 人工除草。在大蒜生长期通过锄地去除行间及株间的杂草，株距较小时，需要人工拔除杂草。

### （2）化学除草剂

用 44% 三元复配除草剂（二甲戊乐灵 10%+乙氧氟草醚 4%+乙草胺 30%）400mL/亩，兑水 50~70kg/亩于大蒜播种盖土后进行均匀喷施。有野燕麦、看麦娘的田块另加 960g/L 的精异丙甲草胺 100~150mL/亩。

最好的用药时期是播后 1~2 天到出苗前。选在早晨或傍晚用药，避免晴天中午施药。配药时最好用二次稀释法配药。喷药时边退边打边盖膜。注意脚不要踩着打过药的地方，以免破坏药膜形成，影响除草效果。在播种浇水后喷施 33% 二甲戊乐灵乳油 150mL/亩、20% 乙氧氟草醚乳油 30mL/亩，防治播后冬前一年生双子叶杂草效果较好；喷施 33% 乙氧氟草醚乳油 150mL/亩对大蒜田秋季、早春双、单子叶杂草均有较好防效，在喷施除草剂后马上覆盖地膜。

# 参考文献

【1】山东农业大学 . 蔬菜栽培学总论 [M]. 北京：中国农业出版社，1999.

【2】王小佳 . 蔬菜育种学（各论）[M]. 北京：中国农业出版社，2005.

【3】崔连伟 . 大葱无公害标准化栽培技术 [M]. 北京：化学工业出版社（生物、医药出版分社），2009.

【4】张玉聚，李洪连，张振臣 . 中国蔬菜病虫害原色图解 [M]. 北京：中国农业出版社，2010.

【5】武杰编 . 葱姜蒜制品加工工艺与配方 [M]. 北京：科学技术文献出版社，2004.

【6】郑建秋 . 现代蔬菜病虫鉴别与防治手册 [M]. 北京：中国农业出版社，2003.

【7】苗锦山，沈火林 . 葱高效栽培 [M]. 北京：机械工业出版社，2014.

【8】吕佩珂，苏慧兰，李秀英 . 葱姜蒜薯芋类蔬菜病虫害诊治原色图鉴 [M]. 北京：化学工业出版社，2017.

【9】苗锦山，张笑笑，棣圣哲，等 . 大葱穴盘育苗关键技术 [J]. 中国蔬菜，2019（6）：101-103.

【10】张军高，漆永红，郭成，等 . 甘肃大葱贮藏期镰孢菌腐烂病病原鉴定 [J]. 微生物学通报，2016,43（10）：2216-2224.

【11】韩志松，蒋启东，孙鸿文 . 大葱苗期草害调查 [J]. 北方园艺，2007（8）:95-96.

【12】吴仁海，职倩倩，苏旺苍 . 大葱苗期除草剂初步筛选 [J]. 河南农业科学，2014，43（7）:93-97.

【13】吴仁海，薛飞，职倩倩 . 二甲戊灵与乙氧氟草醚混剂对 8 个大葱品种的安全性及除草效果 [J]. 中国蔬菜，2018（8）:51-54.

【14】赵德婉 . 生姜高产栽培 [M]. 北京：金盾出版社，2008.

【15】刘冰江，高莉敏，王伟 . 生姜高效栽培技术 [M] . 济南：山东科学技术出版社，2012.

【16】孔娟娟，陈诗平，郭书普 . 生姜高产关键技术问答 [M]. 北京：中国林业出版社，2008.

【17】刘海河，张彦萍.姜安全优质高效栽培技术 [M]. 北京：化学工业出版社，2012.

【18】徐坤.葱姜蒜 100 问 [M]. 北京：中国农业出版社，2009.

【19】赵冰.薯芋类高产优质栽培技术 [M]. 北京：中国林业出版社，1999.

【20】商鸿生，王凤葵.蔬菜植保员手册 [M]. 北京：金盾出版社，2009.

【21】宋元林，等.马铃薯 姜 山药 芋 [M]. 北京：科学技术文献出版社，1998.

【22】苗锦山，孙虎，王成霞，等.生姜高效栽培 [M]. 北京：机械工业出版社，2015.

【23】陈功，王莉.大蒜保鲜贮藏与深加工技术 [M].北京：中国轻工业出版社，2003.

【24】程智慧.大蒜标准化生产技术 [M].北京：金盾出版社，2009.

【25】中国农业科学院蔬菜花卉研究所.中国蔬菜品种志（上）[M].北京：中国农业科技出版社，2001.

【26】商鸿生，王凤葵.葱蒜类蔬菜病虫害诊断与防治图谱 [M].北京：金盾出版社，2002.

【27】刘冰江.大蒜高效栽培 [M]. 北京：机械工业出版社，2015.